U0179035

13次神秘的
太阳探索之旅

[英]科林·斯图尔特——著　　李永学——译

REBEL
STAR

世界图书出版公司

北京·广州·上海·西安

图书在版编目（CIP）数据

13次神秘的太阳探索之旅 / (英) 科林·斯图尔特著;李永学译. — 北京:世界图书出版有限
公司北京分公司，2021.11
ISBN 978-7-5192-8398-8

Ⅰ. ①1… Ⅱ. ①科… ②李… Ⅲ. ①太阳—普及读物 Ⅳ. ①P182-49

中国版本图书馆CIP数据核字（2021）第041662号

First published in Great Britain in 2019 by Michael O'Mara Books Limited
9 Lion Yard
Tremadoc Road
London SW4 7NQ
Copyright © Michael O'Mara Books Limited 2019
The simplified Chinese translation rights arranged through Rightol Media（本书中文简体版权
经由锐拓传媒取得 Email:copyright@rightol.com）

书　　名　13次神秘的太阳探索之旅
　　　　　13 CI SHENMI DE TAIYANG TANSUO ZHI LÜ
著　　者　[英]科林·斯图尔特
译　　者　李永学
责任编辑　李　静　王　鑫
特约编辑　王玉春
封面设计　守　约

出版发行　世界图书出版有限公司北京分公司
地　　址　北京市东城区朝内大街137号
邮　　编　100010
电　　话　010-64038355（发行）64037380（客服）64033507（总编室）
网　　址　http://www.wpcbj.com.cn
邮　　箱　wpcbjst@vip.163.com
销　　售　各地新华书店
印　　刷　鑫艺佳利（天津）印刷有限公司
开　　本　880 mm×1230 mm　1/32
印　　张　11
字　　数　190千字
版　　次　2021年11月第1版
印　　次　2021年11月第1次印刷
版权登记　01-2021-3531
国际书号　ISBN 978-7-5192-8398-8
定　　价　59.00元

如有质量或印装问题，请拨打售后服务电话010-82838515

前　言

太阳代表了很多东西:美、灯塔、能源、好战。它让我们得以存在,但同时也威胁着我们的安全。它能在1.5亿千米之外灼伤我们的皮肤,这足以说明它有何等巨大的威力。古往今来,人们崇拜它如同崇拜神明,但也惧怕它如同惧怕魔鬼。它驾驭着气象,在极地上空画出了绚丽多姿的极光。一旦它的磁场大发雷霆,危险的辐射洪流将在整个太阳系中泛起波澜。鸟儿每天清晨都欢唱着迎接它的来临,一旦它在夜间离去,鸟儿就会归巢,以保证自己的安全。在它的照耀下,植物的嫩芽钻出地面,开出沁人心脾的芳香花朵。树木如同无数太阳能电池板,吸收着它的光能,使得我们可以从化石燃料中释放它从远古保存至今的能量。

然而,正是太阳,一个我们如此熟悉的事物,一个对我们所在的这颗太阳系第三行星上几乎一切事物都如此关键的天体,却一直是一个让人类感到困惑的神秘存在。在庙宇拱手低头,为望远镜让开道路的时刻,我们开始尝试认识它。20世纪,从一位具有远见卓识的天文学家在加利福尼亚(California)建造了一座太阳观测台开始,我们对太阳的认识逐渐增加。随着太空时代的到来，地球同步卫星飞上了太空。从20世纪90年代开始，一大批专门用来探索太阳奥秘的空间太阳探测器接受了我们的派遣，负责收集这颗距离我们最近的恒星的相关信息，其工作规模达到了史无前例的地步。根据它们的工作，我们最终确定了太阳所有能量的来源，知道了太阳光是如何一步步曲折地来到太阳表面，然后飞向地球的。现代天文望远镜让我们见证了宇宙其他地方的恒星的诞生，也让我们知道了距离我们最近的恒星是如何诞生的。但我们还有许多的东西需要认识。太阳活动多得令人眩晕，但我们基本上还无从解释它们。一个半世纪以来，每隔11年左右（太阳黑子活动周期的时间），就能看到太阳黑子（sunspot）数目从增加到减少的过程，但我们仍然无法预测下一个周期的具体时间与强度。最为紧迫的是，我们需要理解会对科技装置造成严重影响的恒星爆炸（stellar explosion），并预测其发生的时间，因为它有可能让地球文明退步数百年。恒星爆炸的凶猛程度足以摧毁人造卫星的电路，使电网瘫痪，让国际航班停飞。在冷战的高潮期，太阳甚至差点引发了一场核冲突。这一威胁如此严峻，让当今世界各国政府将太阳视为等同于地震、飓风和恐怖主义的存在。太阳可以对电子基础设施造成价值上万亿美元的破坏，我们需要花费数月甚至数年之久才能将其修复。

天文学家们竭尽全力地寻找答案，以期能够获得具有重大突破的科学知识。在过去成功的鼓舞下，我们的下一代太阳观测台正在加紧工作。庞大的火山旁边，巨大的镜面高高耸立，以便更近距离地探测太阳表面。它们强大到足以让人们看到一个在相当于地球直径的距离之外的人。人们正在把新的空间探测器投入太阳系，让它们到达从未过的距离，以求尽可能地靠近我们的恒星。2018年11月，帕克太阳探测器（Parker Solar Probe）打破了之前的探测器距离太阳最近的纪录，最终来到距离太阳约600万千米的地方。那里要比水星（Mercury）的轨道到太阳的距离近得多，帕克太阳探测器将在那里接受1000摄氏度以上高温的考验。它很快将利用金星（Venus）的引力飞行，逐步改变自己的轨道，向上爬高，超越日地连线，史无前例地窥探太阳的极地——这是对于理解太阳的周期性自然状况具有关键意义的地区。在今后10年间，这些无畏的探索者将会给我们送回前所未有且数量巨大的有关太阳的数据。现有的数据如此之多，即使成千上万位天文学家也没有足够的时间对它们进行彻底检查。为了能够分析这些数据，人们正在世界范围内开发人工智能算法。

　　所以，当前的时刻，正是回头看同时向前看的绝好时机。回溯当年，我们觉得太阳只不过是天空中的一个球体；展望明日，我们的认识将会发生天翻地覆的转变。在本书中，我们将通过绘制从拜神纪念碑到巨型天文台的发展征程，展示恒星发电站旁令人叹为观止的活动,揭示其中令人困惑的奥秘,并探索见证了促使我们知识增长的物理学壮举。但这并非讲述的是区区一颗恒星的故事,而在很大程度上是一个有关我们人类的故事,一个我们发扬智慧并且无法克制渴望想进一步扩展知识领域的故事。千百年来,一代又一代天文学家披荆斩棘,不断地增加对于太阳的认识,许多人突破了个人与职业的藩篱,在知识领域内添加了新的内容。例如,那些避开战争观察日食的天文学家,那些为实现认识上的飞跃而粉碎家族统治的人,以及那些为了发动天文学革命而躲开政治革命的人。

在看到了太阳是如何来到银河系(Galaxy)一个几乎不起眼的角落之后,我们将直抵太阳的核心。在不可思议的炼狱之火中,我们将弄清:恒星的能量是如何在重重困难下形成的。然后,我们将从那里出发,向外飞跃,穿过太阳大气,并在地球上短暂停留,看看天文学家们是怎样努力应对受太阳活动影响的太空气候。接着,我们将从其他行星的身边飞过,看看它们是如何在太阳的猛攻下幸存下来的。我们将远远越过冥王星(Pluto),到达太阳影响力的边缘,直至走向更为广阔的银河系。在"奥德赛之旅"的终点,我们将叙述伟大的生命给予者——太阳的生命将会如何结束。

但在旅途的起点,我们将回顾我们的认识是怎样从过去的迷信演变成今天的科学的。

谨以本书献给鲁思和伊索贝尔
你们是黑暗中为我指路的明灯

目录

I

从迷信到科学

太阳——尽管有那么多颗行星围绕着它旋转,依赖着它存在,但它仍然可以让一串葡萄成熟,就好像在宇宙中没有别的事情可干似的。

——伽利略·伽利雷(Galileo Galilei)

在秘鲁库斯科(Cuzco)古城郊外可以俯瞰萨克赛瓦曼(Sacsayhuamán)古堡的山坡上,无数当地人蜂拥而至。山下即将举行庆祝活动,他们争先恐后地来到这里,都想一睹为快。许多人凌晨就来了,为的是确保占据观赏的最佳位置。旅游者经常为能占据演出中心的正面看台座位而付钱,最低票价为100美元(按1美元≈6.5元人民币)。周围的街道被围得水泄不通,形成了六七层人墙。这天是6月24日,成千上万的来访者都是为庆祝古代印加人(Inca)的传统节日——太阳节(Inti Raymi)而来的。这座庄严的城市是印加帝国(Inca Empire)的古都。在这特殊的一天,色彩缤纷的游行队伍和各种庆祝活动取代了日常交通带来的喧嚣，城市里的其他活动都突然中止。受邀的舞者、演员和音乐家约有500名，他们给人们带来了欢乐。组织者们声称，在南美洲的庆典中，其规模仅次于里约热内卢的狂欢节（Rio Carnival）。

太阳节庆祝活动开始于1412年，今天的活动是1412年的现代简化版，目的是向南半球的冬至——全年最短的一天致意。它也标志着印加新年（Inca New Year）的开始。在印加人崇拜的所有神灵中，太阳神印蒂（Inti）是最神圣的。人们认为，冬至是他距离地球最远的时候，因此他们召唤他归来，希望他在新的一年里给人们带来光明和支持。最初，节日延续9天，王子、牧师和将军都会盛装出席，在街上游行并祭祀太阳神。印加人祖先的木乃伊也会被人们从附近庙宇和圣坛的安息地中请出来，替他们穿衣打扮后再放到华丽的椅子上，由亲友抬着游街。人们高举金黄色的酒杯——里面盛放着用发酵的玉米酿成的吉开酒，向印蒂祝酒。人们宰杀数以百计的美洲驼，在供奉太阳神的"太阳神庙"（Coricancha temple）里将其作为牺牲敬献给太阳神。这些骆驼的血铺满周围的街道，而这些街道被人们有意按东西向建筑，以便与冬至这一天日出的光线的方向一致。接着，人们把这些动物的内脏取出，从中推测未来事件。这与通过解读茶叶渣形成的图案来推测有关事件的占卜方法颇有相似之处。人们也并非没有听说过将儿童杀死作为供品的

例子。这与阿兹特克人（Aztec）的传统——斩杀战俘献祭遥相
呼应，用以确保太阳有足够的能量在天空中按照固定的轨迹运
行。今天的庆祝活动相对节制，只宰杀了一头美洲驼祭天，但
五彩缤纷的装点依旧保留了下来。

　　太阳节的景象确实壮观，但它只是我们人类在自己的整
个历史上尊崇太阳的一个缩影。印度教（Hinduism）中的太阳
神是苏利耶（Surya）。人们口中的太阳神苏利耶常常乘着由七
匹马拉着的战车，其中每一匹马代表着彩虹的一种颜色。事
实上，代表日出与日落的红色的是苏利耶的战车御者阿鲁娜
（Aruna）。在中国神话中，太阳是十兄弟中唯一存活下来的那
个，他们曾经同时照耀着大地，炎热的天气让人无法忍受，于是
英雄后羿挺身而出，用弓箭射落了九个太阳。在英格兰，著名
的史前遗迹——围成圆形的巨石阵，大约建于公元前2500年，
其中巨石阵的主轴线指向夏至日出和冬至日落的方向。在埃
及的纳布塔（Nabta）和卡纳克（Karnak），人们也发现了按照太
阳运动轨迹排列的类似的巨石阵。与此类似的还有在阿布·辛
拜勒（Abu Simbel）的拉美西斯二世（Ramses II）雕像。在每年
的2月22日和10月22日，阳光将照亮这尊法老塑像的脸庞，而
这两天分别是他的加冕日和生日。著名的吉萨（Giza）金字塔
群中的胡夫金字塔底座四边的走向与罗盘东、南、西、北所指的
方向平行。关于古埃及人是怎样做到这一点的，许多研究者给

出了不同的解释。有些人认为，太阳在秋分时的位置能够帮助埃及工程师进行精确定向。古埃及人认为，太阳是名叫"拉"（Ra）的鹰头神灵，每天乘船在空中从东向西飞过。每天夜里，拉都会潜入地下世界。邪恶的冥府之蛇阿波菲斯（Apophis）总是捣乱，想让他驻足不前。只有当拉成功地通过这种严峻考验，太阳才能在第二天冉冉升起。当然，他总是能够做到。

　　金字塔和巨蛇也出现在世界各地有关太阳的民间故事中。回到美洲，在库斯科西北方向4000千米外的奇琴伊察（Chichen Itza）的玛雅（Mayan）神庙，每年吸引250多万游客来到墨西哥（Mexico）的尤卡坦半岛（Yucatán Peninsula）。在奇琴伊察，这个建筑奇境的中心是库库尔坎神庙（Temple of Kukulcan），也叫"库库尔坎城堡"（El Castillo）。这是一座阶梯式金字塔，建成于900到1000年。它四面的台阶加上塔顶平台合计365级，每级台阶准确地对应着一年中的一天。在春分与秋分这两天，地球各地的白天与黑夜时间相等，太阳所在的位置确保了这些阶梯的影子看上去就像蛇神库库尔坎降临在金字塔的侧面。这一景象仅仅持续45分钟。蛇头石雕像处于合适的位置，该位置有助于让这一幻象栩栩如生。很明显，玛雅人热心于观察天空，该遗址中还有许多其他的庙宇是他们在专注研究天体运动后修建的。正如附近的建筑——埃尔卡拉科尔（El Caraco）被人们认为是一座天文台，因为按照它的建筑方式，人们每过8年就可以沿着一道开口观察到金星。

• 日心说

16世纪初，信奉天主教的西班牙征服者来到了中美洲与南美洲，大大影响了当地与太阳崇拜相关的信仰和活动。因此太阳节遭到取缔，最后一次有关该古代节日的庆典于1535年在库斯科举行，直到1944年才得以恢复。就在这一节日遭到禁绝的3年前，在这些征服者的故乡，即欧洲大陆上发生的另一场革命震撼了思想界。当时，波兰数学家尼古拉·哥白尼（Nicolaus Copernicus）刚刚完成了后来引起巨大争议的书的第一份草稿，而全书耗费了他16年的心血。书内容的"煽动性"过强，所以他等了很多年才推出。《天体运行论》（ *On the Revolutions of the Heavenly Spheres* ）直到1543年，即哥白尼与世长辞之前不久才得见天日。这本书认为太阳位于太阳系的中心，它的出版标志着人类对于太阳的认识开始从过去的迷信向今天的科学转化。

这并不是说，人类以前没有以批判性的目光遥望过太阳。远在公元前800年，中国天文学家们便曾注意到太阳表面暗斑的存在。自从约2000年前起，他们便经常记录这些太阳黑子，但只是用它们来预测不祥的事件。807年，一位名叫阿德尔姆斯（Adelmus）的本笃会（Benedictine Order）修士观察到了存在一个星期以上的类似斑点。814年，在神圣罗马帝国皇帝查理曼（Holy Roman Emperor Charlemagne）去世前后，太阳上再次出现了黑子。然而，人们又一次认为，它们的出现是他死亡的噩兆。这让我们再次清楚地看到,即便太阳是距离我们最近的恒星,当时的人类对它的认识也还没有脱离迷信的范畴。1128年12月8日,来自英国英格兰中部城市伍斯特(Worcester)的约翰(John)画下了迄今存在的最古老的黑子草图。

所有这些观察都是人们靠肉眼完成的,而且很有可能是在云层遮蔽了太阳耀眼的光芒时完成的。月球偶尔也会遮蔽太阳,也就是在发生日食的时候。这时,我们的祖先绝对会不失时机地密切观察着太阳。希腊哲学家普鲁塔克(Plutarch)详细地记录了一次日食,指出"可以在边缘区域看到某种光,它让影子不那么深邃,此时也不是绝对黑暗的"。968年12月22日,当今土耳其(Turkey)的伊斯坦布尔(Istanbul)地界上空出现过一次日食,时年18岁的利奥·迪亚科努斯(Leo Diaconus)写道:"可以看到单调的、不是很亮的太阳圆盘(disc of the sun),还有暗淡的、微弱的闪光,其沿着圆盘的边缘形成闪耀的圆环,如同一条狭窄的光带。"这两个人都第一次看到了太阳的最外层——日冕(corona)。日食的发生让我们有机会第一次观察到太阳边缘的火焰状的日珥(prominence)。位于今天俄罗斯北部的诺夫哥罗德公园的《诺夫哥罗德纪事报》(Chronicle of Novgorod)这样描述了1185年5月1日发生的日食:"太阳的形状很像月球,当太阳光逐渐被月球遮住时,似月牙形的太阳尖角看上去像是还在燃烧的余烬。"

尽管有这些早期观察,但绝大多数人一直认为:太阳是围绕着地球运动的。哥白尼的著作对这种观点进行了严厉批判，他本人及其越来越多的追随者则被归为哥白尼派。但他们势单力孤，往往陷入被其他人群起而攻之的水深火热之中。他的想法与其他人的相反，他认为地球只不过是围绕着位于中心的太阳旋转的其中一颗行星而已。人们称这种学说为"日心说"。哥白尼没有掌握能够说明情况如实的证据，但他认为，这种解释要比从古希腊时代便流行于世的说法简单得多。希腊博学家克罗狄斯·托勒密（Claudius Ptolemaeus）是地心说（即地球是整个宇宙一切事物的中心，而宇宙的其他天体都绕着地球转）的狂热支持者。托勒密认为，在我们这颗行星外面有一系列同心球面，每个球面都是一个围绕着地球旋转的天体的家园。这个理论能自圆其说，但它在解释其他行星运动时碰到了麻烦。

从埃及人到奇琴伊察的玛雅人，许多古人都曾追踪过行星划过天际的轨迹。他们注意到了它们行为上的一个怪异之处：行星经常会在空中停住，然后开始沿着相反的方向运行。是什么让托勒密观察的天体突然停下，然后向相反方向动呢？为了解释这样一个难以忽视的事实，托勒密引入了本轮（epicycle）的概念：嵌套在大些的球面上的小圆。他假设，行星围绕着小圆运动，而每个小圆的圆心则围绕着以地球为中心的大球面运行。在沿着小圆运动到一半行程的时候，它的运动方向看上去与之前的方向相反，因此我们会看到行星的运动方向改变了。这当然能够自圆其说,但这种解释远远算不上简练。一千多年后的哥白尼意识到,只要让地球围绕太阳旋转,所有这些乱七八糟的麻烦事就都可以解决了。按照这种方式的话,行星运行方向看上去发生改变,只是因为各颗行星在不同的轨道上围绕太阳旋转而已——有时我们会追上它们,有时它们会追上我们。

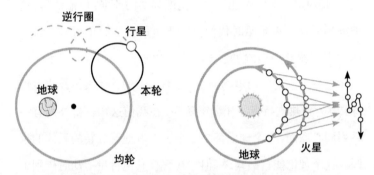

我们经常看到,行星似乎会在夜空中改变运动方向。上图是地心说(左)和日心说(右)对此的解释。

尽管人们经常把提出这一敏锐观点的大部分功劳归于哥白尼,但其实早就有人提出过类似的想法。生活年代早于托勒密4个世纪的古希腊人——萨摩斯的阿里斯塔克(Aristarchus of Samos)便曾提出了他自己的日心学说。然而,这些想法都未能取得突破,因为托勒密的地心说图像能够准确地预测行星的运动。而且它也与当时盛行的以基督教教义为主的西方创世故事吻合,即地球是上帝为人类创造的家园。到了10世纪和

11世纪，伊斯兰天文学家也开始寻找地心说的错误。阿拉伯天文学家伊本·海赛姆（Ibn al-Haytham）写道："托勒密假定了一个无法存在的安排，这一安排在他的想象中产生了属于行星的运动，正因如此，他无法摆脱自己的错误。"他说的话虽严厉，但是正确。随着一项在整个人类历史上最具革命性的技术发明的出现，事实已经显而易见，而这项发明就是望远镜。有人认为，没有任何其他装置曾经这样"只手擎天"，一举改变了我们认知自己的方式。我们再也不会因为只有我们的眼睛能够观察事物而受到欺骗了。

• 发现太阳黑子

17世纪伊始，第一批利用望远镜观察到的结果如雨后春笋般纷纷出现。在意大利，天文学家伽利略很快就发现了围绕木星（Jupiter）旋转的卫星，以及卫星上的庞大山脉。人们还发现，金星也像月球一样有不同的相位，这一事实为地心说的棺材钉上了第一枚钉子。因为，如果金星向地球反射的光也能表现出阴晴圆缺，那么地球和金星就一定是同时围绕着位于中心的太阳旋转的。如果像托勒密解释的那样，金星位于地球和太阳之间，那么大部分阳光都会照射在金星的背面，我们永远看不到这颗行星完全被照亮。我们能够看到这样完全被照亮的金星，这一点证明，金星确实会跑到太阳的另一边去——这是因为金星围绕太阳旋转的速度更快。

伽利略的工作成果很快就传到了德国，一位名叫克里斯托夫·沙伊纳（Christoph Scheiner）的青年耶稣会会士（Jesuit）急忙为自己搞到了一台望远镜。在目睹了木星和金星之后，沙伊纳的注意力很快转向了太阳。他用望远镜投射太阳的影像，所以安全地观察到了太阳上的黑子。伽利略也观察到了同样的现象。没过多久，他们两人便就谁最先看到了太阳黑子爆发了激烈的争论。这场"国际争端"逐渐升级，他们的来往信件如同子弹一般频繁跨越两国边界。他们的争论之一在于这些黑子本身的性质。出于自己的宗教信仰，沙伊纳追随经文上的教义，认为天体是纯洁的、完美的。因此他声称，这些暗淡的污点一定是围绕太阳旋转的物体在太阳圆盘上投射的影子。伽利略反对这种观点，认为它们是太阳表面的一部分，而且看上去会改变形状。出于宗教信仰，沙伊纳也是一位地心说拥护者，而伽利略则与他不同，是一位哥白尼学派人士。历史最终证明，伽利略在这两方面都是正确的。这给我们上了一课：我们应该用自己的眼睛认识真理，而不是只去看那些自己想看的东西。

沙伊纳很快便成了利奥波德大公五世（Archduke Leopold V）的一位顾问，后者是神圣罗马皇帝斐迪南二世（Holy Roman Emperor Ferdinand II）的弟弟。利奥波德也与伽利略有书信往来，沙伊纳明确地要求利奥波德不要对伽利略透露他在太阳黑子方面的工作成果。最后，根据这些工作，沙伊纳写成了题为

《太阳观察之研究》（ *Rosa Ursina sive Sol* ）的一套书（共四部），这是几百年来有关太阳黑子问题的杰出著作。其中的第一部主要用来抨击伽利略。在第四部中，他利用太阳黑子在太阳圆盘上的移动，估计太阳自转一周大约需要27天。现代天文学家对此是认同的。

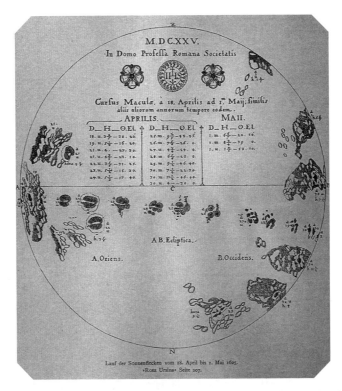

上图是沙伊纳在《太阳观察之研究》中绘制的太阳黑子草图之一，描述了太阳在1625年4月和5月的活动。

　　沙伊纳的这套书，很大一部分是他在罗马时撰写的。他在 1624 到 1633 年应召在那里工作，花费了将近 10 年时间，监督建造一座新的宗教学院。他在意大利首都旅居结束的时间，刚好与伽利略于 1633 年因自己所谓的地球围绕太阳旋转的"异端邪说"受审的时间重合。这两个竞争激烈的死对头生活在同一座城市里，其中之一还是一位教堂神父。沙伊纳是否曾经对伽利略落井下石？历史上唯一存留的记录是有关这次审问的笔录中有一小段备忘录，其中说到沙伊纳曾经反对哥白尼学派的观点，而伽利略正是因为传播这一观点而被判有罪的。伽利略的余生都因此在软禁中度过，直到 1980 年，他才得到教廷的正式赦免——他做这一切都是为了捍卫对于那些只相信"眼见为实"的人来说越来越明显的事实。伽利略不是第一位因为自己在天文学上的信条而不得不忍受教廷怒火的意大利人。几十年前，多明我会（Dominican Order）的化缘修士乔尔丹诺·布鲁诺（Giordano Bruno）便曾在罗马的鲜花广场（Campo de' Fiori）上被剥光衣服，头朝下地活活烧死在火刑柱上。教廷认为他犯有的罪行之一是，发展了哥白尼的观点，认为夜空中一切星辰都只不过是遥远的恒星，而且有可能带有自己的行星。布鲁诺拒绝收回这一观点和其他"异端邪说"，并因此丧生。伽利略的运气好一些，他依靠在教廷内部的关系、精明的政治手段甚至伪造信件来掩盖自己的行为，才躲过一劫，免遭类似命运。

其实，伽利略和沙伊纳根本用不着争吵。若我们当一回"事后诸葛亮"，就知道这两位天文学家都不是第一个通过望远镜看到太阳黑子的人。这一荣誉属于由一对德国父子组成的团队，即戴维·法布里丘斯（David Fabricius）和约翰内斯·法布里丘斯（Johannes Fabricius）。约翰内斯曾在荷兰学习，望远镜就是荷兰的一位镜片制造商发明的。他带着自己的设备回国，开始与父亲一起观察太阳。1611年，约翰内斯推出了一份发行量不大的22页小册子，首次发表了通过望远镜观察到的太阳黑子的详细情况。然而，这俩人尽管是父子，但同样也会因这些黑点性质而争论。戴维在给他同事的一封信中提到，他不相信这些黑点是太阳本身的一部分。而他儿子的观点与此相反。不幸的是，父子俩最终都死于非命。先是约翰内斯，他于1616年去世，年仅29岁，英年早逝的原因不明。戴维死于他儿子逝世的第二年，当时他因为谴责一位农民偷鹅而与其发生争吵，结果被对方用铁锹砍中头部丧命。

与此同时，在英格兰，数学家、天文学家托马斯·哈里奥特（Thomas Harriot）也曾长期观察天空。16世纪后期，他曾作为天文学领航顾问与伊丽莎白时代的著名探险家沃尔特·雷利（Walter Raleigh）一起在海上航行。很有可能在这段踏足英格兰社会最上层圈子的时期内，他偶然读到了第一份有关哥白尼思想的英文译本。在前往北美的一次航行中，他在船的甲板上观察到了一次日食，这让他的一生与太阳结下了不解之缘（他对观察太阳很狂热）。17世纪初，当望远镜传到英格兰时，哈里奥特开始充满热情地用它观察天空。他对太阳进行了200多次观察，并在纸上记录了他的发现，纸张数达73页之多。根据这些纸上的日期可判断，他看到太阳黑子的时间是早于沙伊纳的，但稍迟于伽利略。与伽利略一样，他认为这些黑点是太阳本身的产物，而不是沙伊纳认为的"其他天体的影子"。然而，他独立地证实了沙伊纳的计算结果，即太阳的自转周期约为27天确实是正确的。与和他同时代的意大利人相比，哈里奥特名声不显。这既说明这位英格兰人的性格羞怯，也说明伽利略很喜欢追求在公众中的名声。

· 太阳有多远?

到了17世纪末，哥白尼的观点已经有了足够的说服力，至少在大多数天文学家看来已变成了占据主导地位的思想。这时，人们的注意力更多地转向了太阳系中的其他天体。1675年，英国斯图亚特王朝国王查理二世（Charles II），斥资重整伦敦郊外格林尼治（Greenwich）山坡上的一座破旧城堡，建立了皇家天文台（Royal Observatory）。约翰·弗拉姆斯蒂德（John Flamsteed）被任命为首任皇家天文学家（即皇家天文台台长），并受命通过观察星辰完善航海导航术。在得到这一尊崇职位的3年前，弗拉姆斯蒂德通过观察火星计算了地球与太阳之间的距离。1672年，火星处于冲位（opposition），即直接与太阳相对，地球位于二者之间。一天晚上，弗拉姆斯蒂德在日落时刻测量了火星与其他恒星的相对位置，接着又在第二天早上日出之前做了同样的测量工作。在两次测量之间，地球围绕着太阳转动了一小段距离，因此火星看上去相对于星空背景也移动了。根据这样一小段移动距离，弗拉姆斯蒂德就能够换算出地球与火星之间的距离。因为火星离地球的距离越近，在两次测量之间的夜间运动中跨越的相对距离就越长。你可以在自己面前伸直手臂，竖起一根手指，首先闭上一只眼睛，然后换成闭上另一只眼睛。这时你会看到，你的手指相对背景的位置突然发生了跳跃性的变化。如果你再做一次，这次把手指放在距离你的脸很近的地方，这时你会发现，手指在背景中的位置离得要更远。天文学家们称这种测量距离的方法为视差法（parallax）。根据约翰内斯·开普勒（Johannes Kepler）所做的工作，弗拉姆斯蒂德时代的天文学家们已经知道，火星的公转轨道半径是地球的1.5倍。根据这位德国数学家的计算，行星围绕太阳旋转的周期与它和太阳之间的距离有关。既然知道了地球和火星之间的准确距离，弗拉姆斯蒂德据此便可以算出地球与太阳之间的距离，计算结果是8700

万英里[1]。与在现代计算这一距离得出的数字9300万英里相比，17世纪时提出的这个数字已经非常接近了。大约在同一时间，法国天文学家乔瓦尼·卡西尼（Giovanni Cassini）也做了类似的测量，得到了同样准确的结果。

• 太阳的质量

1669年，著名的物理学家艾萨克·牛顿（Isaac Newton）被任命为剑桥大学（University of Cambridge）的卢卡斯数学教授（Lucasian Professor of Mathematics），而1674年弗拉姆斯蒂德是剑桥大学耶稣学院（Jesus College）的学生。也就是说，他曾与牛顿同时在剑桥大学生活。与弗拉姆斯蒂德后来的皇家天文学家职位一样，牛顿的这一教授职位也是由英格兰国王查理二世任命的。在牛顿得到这份很有影响力的职位之前的3年，瘟疫曾迫使他逃离剑桥，回到自己在林肯郡（Lincolnshire）的伍尔斯索普庄园（Woolsthorpe Manor）避难。正是在那里，牛顿开始构思关于著名的万有引力的想法。尽管著名的故事说一个落在他头上的苹果是他灵感的触发点，但这种说法看起来并不正确。根据威廉·斯蒂克利（William Stukeley）撰写的第一份牛顿传记，牛顿只是看到这个苹果落在草地上，而他自己

1　1英里 ≈1.609千米，译者注，下同。

没有被碰到一根毫毛。然而，他确实认识到，促使苹果落向草地上的力与让月球围绕地球旋转的力，以及让地球围绕太阳旋转的力的性质相同。1687年，他向世界贡献了《自然哲学的数学原理》(*Philosophiæ Naturalis Principia Mathematica*)这本巨著，人们更多地将其简称为《原理》(*Principia*)。这部书包括了他著名的运动三定律和他在万有引力方面的开创性工作。

但在《原理》的最初几个版本中，牛顿对于引力的描述是不完整的，特别是涉及月球运动的内容。为了进一步完善这些描述，他需要准确的天文学观察结果。作为一位数学家，他向弗拉姆斯蒂德寻求帮助，请求这位皇家天文学家提供在格林尼治天文台收集的天文学数据。这位皇家天文学家不情愿地向该剑桥大学教授提供了50份对月球的观察结果，但要求牛顿不得向公众公开。这两个人慢慢开始相互鄙视，经常爆发冲突。弗拉姆斯蒂德向公众宣布，牛顿将要出版《原理》的修订版本，这触碰了后者的逆鳞。而在没有征得弗拉姆斯蒂德的同意甚至事先没有通知他的情况下，牛顿发表了那批天文学数据，这一行为激怒了弗拉姆斯蒂德。在此之前，牛顿曾背着弗拉姆斯蒂德去找乔治王子(Prince George)，请他逼迫这位皇家天文学家发表自己的数据。在一封给朋友的信中，弗拉姆斯蒂德写到了他在皇家学会(Royal Society)与牛顿的一次偶遇："我对他抱怨……他未得到允许……就刊印了我的数据的行径，抢夺了我的劳动成果。对此,他大发雷霆,用各种恶毒的语言咒骂我,使用'小狗'等一切他想得出来的字眼。"

大家都说牛顿是个可怕的人,但归根结底他是对的。他认为太阳掌握着太阳系至高无上的"权力",这一点是正确的。太阳通过自己的引力,能够吸引所有的行星,让它们在自己周围旋转。意识到这一点之后,他在《原理》一书中发表了对太阳质量估算的第一个结果。根据他的万有引力宇宙定律,一个天体的质量可以根据围绕它公转的天体的性质计算得到,你只要知道公转半径和公转一周所需的时间即可。利用当时所知的有关地球的最佳数据,牛顿的计算结果为太阳的质量是地球质量的 2.87 万倍,这一结果与正确数字相差 10 倍以上。然而,这是因为他所用的日地距离的数据是错误的。在发现这一错误之后,在 18 世纪初发表的《原理》的数据修正版中,他声称太阳的质量是地球的 169282 倍。今天,由于对日地距离的测量更为准确,天文学家们知道,太阳的质量对地球质量的倍数几乎是这一数字的 2 倍。太阳的重量是惊人的,有 $2×20^{30}$ 千克左右,或者说是地球的 332946 倍。

从 17 世纪到 18 世纪,人类经过漫长的探索,终于正确地意识到太阳位于太阳系的核心位置。事实上,"太阳系"这个词最早使用的记录可追溯到 1704 年。太阳系是一个各种天体错综复杂排列的阵列,它们全都服从于位于中心的太阳的引力

"意志"。此外,我们也粗略地估计了太阳系的大小、质量,以及地球在太阳系中的位置。这一从迷信走向科学的漫长旅途最终结束了。但这并不意味着,在这一时期,所有关于太阳的科学想法都是成熟的。1781年3月13日,德裔英国天文学家威廉·赫歇尔(William Herschel)发现了围绕太阳旋转的第7颗行星——天王星(Uranus)。这立即为他带来了荣誉和声望,但并没有阻止他提出其他的想法。这些想法在今天听起来似乎非常疯狂。1795年,他在记录太阳相关情况的时候写道:"与太阳系中其他天体相比,太阳和它们有许多类似之处,如坚固、有大气以及多样化的表面,还会绕着自己的轴自转……这些都让我们认为,与其他行星一样,太阳上面也极有可能有生命存在,这些生命适应了这个巨大星球的奇特环境。"简言之,许多天文学家认为,太阳只不过是一颗非常大的"行星"。赫歇尔甚至认为,有生物在太阳上生活。

直到通过19世纪科技的新发展,天文学家才走上更深刻地理解太阳的正确道路。

2

拆解彩虹

当看到天空出现彩虹之际，我的心在狂喜地跳跃：这就是我生命开始的时刻，从此我变成了真正的人。

——威廉·华兹华斯（William Wordsworth）

约瑟夫·冯·夫琅禾费（Joseph von Fraunhofer）年仅11岁就成了孤儿。他的父母间隔一年相继去世，留下约瑟夫自力更生。他的父系和母系几代都是以玻璃制造为业，因此，他也自然而然地从事该行业并成了一位镜子制造商的学徒。但这让他不得不离开德国南部的家乡，来到了大约140千米外的慕尼黑。对于一个还不满13岁的男孩子来说，这毫无疑问是一个令人却步的前景。在当时巴伐利亚（Bavaria）公园首都的最初几年，生活对于他而言是严酷的。他的雇主名叫菲利普·安东·魏克塞尔贝格尔（Philipp Anton Weichselberger），是个脾气火暴的粗人。他的工资很低，工作也很艰苦。夫琅禾费想到学校里进一步学习光学，但他的请求没有得到批准。他只好靠自己手头的那点零钱,跑到当地的跳蚤市场[1]购买旧课本自学。

他的好运以一种不可思议的方式降临。1801年7月21日,魏克塞尔贝格尔家的房顶塌落,魏克塞尔贝格尔和夫琅禾费都被压在了一堆瓦砾下面。当地人纷纷赶来救援,经过几个小时的努力之后,他们俩都被人从碎片下面拉了出来。选帝侯亲王马克西米利安·约瑟夫(Prince-elector Maximilian Joseph)作为巴伐利亚公园的王位继承人来到现场慰问,并对这个少年玻璃工产生了极为深刻的影响。因为对这个男孩所受的教育产生了浓厚的兴趣,他给了夫琅禾费足够的钱来帮其还清欠魏克塞尔贝格尔的学徒费,结束了夫琅禾费的学徒生涯。最终重获自由的夫琅禾费开始全力以赴地学习光学。亲王邀请他前往自己的城堡做客,并把他介绍给约瑟夫·冯·乌兹施奈德(Joseph von Utzschneider),即一位对科技问题感兴趣的巴伐利亚高级官员。两位约瑟夫合作进行的第一批任务之一是研磨望远镜的透镜。未满20岁的夫琅禾费很快就成功制出了欧洲最精密的透镜,并在年仅22岁时成为乌兹施奈德的玻璃制造厂厂长。这个来自斯特劳宾的孤儿的运势如同火箭般一飞冲天。

夫琅禾费具有浓厚的好奇心,不断地用日光测试各种精致的透镜,这一点很快铸就了他在科学史上的地位。1814年时,

---

1 出售旧货物的市场,货物价格远低于正规商店里商品的价格。

他已经发明了一种被今天的我们称为分光计的装置:一组棱镜状的玻璃,可以把光分解后组成各种颜色的光谱(这和光照射雨滴被折射到天空中出现彩虹具有异曲同工之妙)。17世纪末,艾萨克·牛顿在类似的实验方面做过开创性的工作,但夫琅禾费具有玻璃制造的技艺,这让他能前所未有地仔细观察日光光谱中的细节。他很快注意到:原本生动精致的彩色光谱中到处散布着暗线。"我在望远镜中看到了几乎数不清的竖直谱线,强弱不等……它们要比其他的彩色谱线更暗淡,其中一些几乎完全是黑色的。"在2年内,他发表了576种关于这类暗线的详细情况,今人将其称为"夫琅禾费谱线"(Fraunhofer line)。

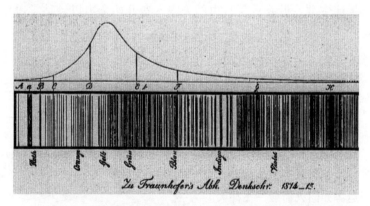

上图是夫琅禾费最初在太阳光谱上画出的一系列暗线,如今这些暗线以他的名字命名。

夫琅禾费不仅发现了日光中这样的谱线,而且发现了来自夜空中的其他星辰的光谱线,其中包括最明亮的天狼星(Sirius)的光谱线。每颗恒星的光谱线分布略有不同,所以他很有把握地认为,它们并不是光线通过地球的大气造成的。在我们上空的空气是有固定成分的,它们对于星光的影响总是相同的。造成不同的原因必定来自恒星本身,但他却无法解释这些变化的原因。这种原因的披露还需要1个世纪的时间。

1821年,夫琅禾费制造了一种衍射光栅(diffraction grating)装置。这种装置通常以金属为材料,带有缝隙。这些缝隙比玻璃更准确地把光分解为它的光谱。从那时起,天文学家们便一直在使用衍射光栅。他也发明了夫琅禾费量日仪(Fraunhofer heliometer)。这种工具可以结合望远镜用来测量太阳的直径。夫琅禾费在他的职业生涯之路上走得越来越远,并为自己赢得了世界级望远镜制造者的名声。加冕成为巴伐利亚国王的马克西米利安·约瑟夫授予他文官骑士团骑士(Knight of the Order of Civilian Service)封号,当年的孤儿如今成了贵族。但夫琅禾费只活了39年,在1826年便撒手人寰。他短暂而辉煌的人生因为肺结核病突然终止。在从事玻璃制造事业的过程中,他长期暴露在与此相关的化学品制造的有害环境中,因此在一段时间内一直因呼吸道问题而苦苦挣扎。

• 第一帧照片

就在夫琅禾费去世的那一年，法国人约瑟夫·尼塞福尔·尼埃普斯（Joseph Nicéphore Niépce）开创了一种革命性的新消遣方式：摄影术。人们普遍承认，尼埃普斯的处子照片是世界上第一帧摄影作品，是他于1826年拍摄的工作室窗外的场景。照片的名字简简单单：《窗外景色》（*View from the Window at Le Gras*）。尼埃普斯还发明了一种叫作"日光胶版术"（heliography）的技术。这个词来自希腊文的两个字，分别代表"太阳"和"画图"。他用一种天然的沥青材料——地沥青覆盖着一张玻璃板，这种沥青暴露于日光下时会硬化。然后，他用薰衣草精油洗去了多余的沥青，图像就显露出来了。在拍下第一张照片的前一年，尼埃普斯把一份表现一个人牵着一匹马的雕刻作品放在经过处理的玻璃上，并运用他的日光胶版术把雕刻品复制在玻璃板上，这是世界上第一份影印作品。到了1829年，他与另一位法国人路易·达盖尔（Louis Daguerre）合作，共同发明了一种新型摄影术。尼埃普斯在1833年死于中风，但达盖尔继续他们未竟的事业，并终于在1837年研发了达盖尔银版摄影法（daguerreotype），它是世界上第一种具有商业应用价值的照相方法。这种方法非常成功，法国政府出资买下了它。终其一生，达盖尔每年可以享受6000法郎的进项，就连他的一家一年也因此有4000法郎的收入。这一技术如同野火一般在全世界飞速传播。4年后，一位美国总统——威廉·亨利·哈里森（William Henry Harrison）就用这种方法为自己拍摄了照片。这张银版照片大约是他于1841年就任总统的时候拍摄的。遗憾的是，这张照片已经不复存在了，但它仍然是这位总统在短暂的任期内留下的颇具纪念意义的事物之一。哈里森因为神秘的疾病突然去世，在总统宝座上仅仅坐了32天。

这帧一个人牵着马的影像，是摄影术的开创者约瑟夫·尼塞福尔·尼埃普斯用他发明的日光胶版术复制的。

正如两个世纪前出现望远镜时的情况一样，没过多久，天文学家们就将这个最新的"必备装置"对准了距离我们最近的恒星。1845年，两位法国天文学家路易·斐索（Louis Fizeau）

和莱昂·傅科（Léon Foucault）合作，拍下了有关太阳的第一帧照片。这张照片上的太阳形象尺寸大约为12.5厘米，呈现了整个太阳圆盘，其中甚至还包括几粒太阳黑子。傅科是从当医生开始他的职业生涯的，但因为患有慢性恐血症而被迫放弃这一职业。后来，他通过让一个庞大的钟摆在巴黎的先贤祠（Panthéon，傅科当时使用的钟摆的复制品至今还悬挂在这里）的天花板上摆动，证明了地球自转。埃菲尔铁塔（Eiffel Tower）上镌刻着72位科学家与工程师的名字，在这份精英名单中，这两位科学家都榜上有名。当这座宏伟的纪念碑于1889年首次对公众开放时，斐索是精英榜上的唯一健在者。这帧具有里程碑式意义的太阳照片中也显示了一种人称临边昏暗（limb darkening）的效果，即太阳的中心部分看上去要比边缘亮一些。这是因为，边缘部分的热物质似乎远不如太阳圆盘中心区域的热物质那么多。这是一个重大线索，说明太阳的热源似乎要比许多天文学家原来想象的深得多。

没过多久，有关日食的第一帧照片被拍到了。约翰·伯科威茨（Johann Berkowitz）其实是一位职业摄影师而不是天文学家。他于1851年7月28日在哥尼斯堡［Königsberg，俄罗斯西部港市加里宁格勒（Kaliningrad）的旧称］的普鲁士皇家天文台（Royal Prussian Observatory）拍下了这帧照片。他使用的望远镜上安装了夫琅禾费量日仪，随后洗出的银版照片清楚地显

示了日珥,同时可以看得到日冕的存在。后者是太阳大气的最
外层,密度稀薄。在人类历史的大部分时期,日食通常是一位
个人观察者一生只能见到一次的事件。如果一座城市出现两
次日食,它们中间往往相隔数百年之久。然而,可靠的航海技
术的普及带来了国际旅行之便,19世纪变成了人们观察日食
的狂热时代。每隔大约18个月,地球上就会有一个地方出现日
食,欧洲的天文台会派遣几十位天文学家前往世界的各个角落
观察下一次日食。其中的一位天文学家,即法国的皮埃尔·让
森(Pierre Janssen),曾前往以下地点观察日食:意大利(1867
年)、印度(1868年)、阿尔及利亚(1870年)、泰国(1875年)、
太平洋(Pacific)上的加罗林群岛(Caroline Islands,1883年)
和西班牙(1905年)。阿尔及利亚日食发生在巴黎城被围期
间,当时普鲁士军队将这座法国都城包围得水泄不通,让森只
好乘坐热气球从空中逃离这座遭到围困的城市。尽管如此,他
还是因为在阿尔及尔(Algiers)遭遇多云天气而未能实现日食
观测。

• 太阳光谱

在伯科威茨于哥尼斯堡拍下那帧具有历史意义的日
食照片的4年之前,物理学家古斯塔夫·基尔霍夫(Gustav

Kirchhoff）从这座城市的大学毕业。他首先搬到了柏林，然后又到了海德堡（Heidelberg），并在那里开始与德国同胞罗伯特·本生（Robert Bunsen）合作。本生的名字现在是一种煤气灯的代名词，它是由本生参与发明的，今天大多数学校的化学实验室中都在使用这种能够提供稳定火焰的燃烧器。1834年，他发现了一种治愈砷中毒的方法，这种方法最终于9年之后救了他自己的命。当时他在实验室里使用了一种含砷化合物（卡可基化合物），结果发生了爆炸。这让他右目失明，而且严重砷中毒。得益于他本人发明的治疗方法，他最终活了下来。他做的工作对于我们认识太阳非常重要，而他在1859年和基尔霍夫合作的项目是了解太阳组成的关键性步骤。

　　这两位科学家使用著名的本生灯加热纯钠、纯锂和纯钾等样品，通过让产生的火焰的光穿过分光镜，以观察它们的光谱。他们很快知道，每种元素的光谱都是独一无二的。开始时，这些光谱是夫琅禾费观察到的谱线的逆像：他们看到的不是鲜艳的彩色背景上散布着暗线，而是黑暗背景上散布着明亮的竖线。他们进一步开展实验，这次让来自燃烧物质的光在进入分光镜之前先通过不同的气体。通过这种做法，他们在获得的光谱上观察到了夫琅禾费暗线。关键的是，与气体本身被本生灯加热时产生的光谱中的亮线位置相比，这些暗线的位置与它们毫无二致。每种元素拥有的独特的标识光谱，就是由这些谱线组成的。天文学家们现在把它们分为发射光谱（emission spectrum）和吸收（光）谱（absorption spectrum）。

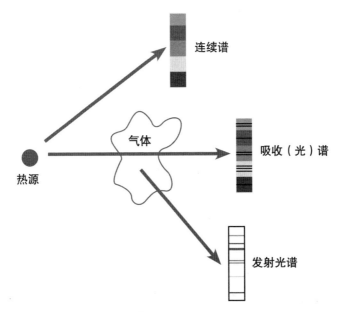

上图表现了吸收（光）谱与发射光谱之间的差别，二者都是有助于人们理解热天体组成的强有力工具。

没过多久，基尔霍夫就在1861年编制了第一份太阳光谱的详图，确定了与地面上的实验室的实验结果相匹配的吸收线（夫琅禾费谱线）。他的这份详图中包含的谱线极多，完整的打印版需要8英尺（2.4米）长的纸张。单是与铁有关的谱线就多达60根，许多与之匹配的谱线只有在实验室里把铁加热到它的沸点（2861 摄氏度）以上时才会出现。他在太阳光谱中确认的其他元素还包括：钡、钙、铬、钴、铜、金、镁、镍和锌。现在很清楚的是，太阳的温度一定比人们过去想象的要高得多。基尔霍夫本人提出，太阳的可见表面是由一种炽热的液体组成的。威廉·赫歇尔等人的有关太阳的固体表面上可能有某种文明存在于明亮的大气之下的想法，开始消失。这是一种一直有许多人持有的想法，直到本生和基尔霍夫做了相关的工作之后，人们才逐渐不再相信它。只不过 5 年前，法国天文学家弗朗索瓦·阿拉戈（François Arago）还曾在他出版于 1854 年的书《大众天文学》（*Astronomie populaire*）中写道："如果有人问我，太阳上是否可能存在着一个像我们这样的文明，我将毫不犹豫地回答'是的'。"在那 10 年后，他肯定不会做出同样的回答。这就是太阳物理学在 19 世纪发生的变化，而另一个具有里程碑式意义的发现正在萌动。

• 新元素

在皮埃尔·让森乘坐热气球从巴黎出逃的 2 年前，他曾对印度的贡土尔（Guntur）进行了一次很成功的访问，并于 1868 年 8 月 18 日在那里观察了日食。他受到本生和基尔霍夫发现的启发，开始用分光镜观察日食。结果他发现了一个非常令人困惑的现象：图上有一条过去从来没有人见过的谱线。这是一条明亮的黄色谱线，出现的位置离钠的两条谱线 D1 和 D2 不远。2 个月之后的 10 月，英国人诺曼·洛克耶（Norman Lockyer）也见到了同一条谱线，并将其称为 D3，因为他开始也认为那是钠的谱线。洛克耶很快与英国化学家爱德华·弗兰克兰（Edward Frankland）开展合作，后者与这一世纪早些时候的夫琅禾费一样，曾经战胜了在生命初期遇到的障碍。他是一个私生子，他的母亲接受了一大笔封口费，拒绝吐露他生父的身份。他后来在马尔堡大学（University of Marburg）学习，师从罗伯特·本生。洛克耶和弗兰克兰仔细地分析了 D3，最终证明它来自一种过去从未在地球上被发现过的全新元素。他们共同将这种元素命名为氦（helium），取自 helios，即希腊语的太阳神。后来，洛克耶于1885 年成为世界上第一位天文物理学教授。1895 年，威廉·拉姆齐（William Ramsey）终于在地球上发现了氦的踪迹。测试证明，它确实是让森和洛克耶发现的存在于太阳上的元素。作为第二轻的元素，氦在地球上很稀少，因为它很容易从地球上消失，进入太空。然而，在整个宇宙中，氦却是丰度第二的元素，大约占整个宇宙全部元素的 1/4，在太阳中的比例也与此大致相当。

在 1869 年 8 月 7 日让森在印度观测日食差不多 1 年后，又有一次日食到来，它几乎跨过了半个地球，发生于美国东北部、阿拉斯加（Alaska）和加拿大。一个为此专程前往观察的人

是天文学家兼探险家乔治·戴维森（George Davison）。戴维森
1825年生于英格兰，年仅7岁时便曾与父母一起横跨大西洋航
行。时年44岁的戴维森踏入了阿拉斯加的荒野，而此时正是美
国与俄国就这片疆域进行讨价还价的时刻。就在月球将要遮
掩太阳的前一天，他邂逅了奇尔卡特峡谷（Chilkat Valley）的原
住民。这些原住民曾与美国人发生过冲突，因此他们在刚开始
时对戴维森抱有相当大的敌意。戴维森耐心地对他们做了解
释，说他只是来这里观察第二天的日食的，绝对无意伤害他们。
第二天，当日食如期而至的时候，这些原住民受到了很大的惊
吓。在这次探险的其他时间里，他们对戴维森和他的团队唯恐
避之不及。

　　对于大自然的这一瑰丽奇观，普通公众也极为着迷。在
印第安纳州，一名男子给当地报纸《埃文斯维尔信使报》
（*Evansville Courier*）写信，描述了他观赏日食的经历。"日全
食最令人惊叹和崇敬的特征是用任何微妙精细的语言都无法
描述的……我可以从每一群仰天赞叹的男女看客那里听到呼
喊声：'灿烂辉煌！''不枉此生！''见所未见，闻所未闻！'"
与此相隔两个州的艾奥瓦州（Iowa）的奥塔姆瓦（Ottumwa），
那里聚集着来自华盛顿哥伦比亚特区（Washington, D.C.）的
美国海军天文台的天文学家们，他们中间有许多人装备着分
光镜，希望捕获新的谱线。这是一个理想的机会，可以证明他

们拥有与欧洲竞争者不相上下的杰出的光谱技术，并能巩固他们的国家作为一股令人称道的新兴科技力量的名声。他们中的两位分别是查尔斯·扬（Charles Young）和威廉·哈克尼斯（William Harkness）。在这个年代初的战争中，他们都曾在联邦军（Union Army）中服役。他们的这次观察有一项重大发现：太阳暗淡的日冕中有一条新的绿色谱线。由于1年前有人曾在类似情况下确认了氦的存在，因此扬和哈克尼斯相信，他们发现了另一种新元素存在的证据。人们根据日冕的名字，把它命名为"癗"（coronium），意为在日冕中发现的元素。这一发现非常重要，我们将在第八章再次讨论，因为直到今天它还让天文学家们深感困惑。

· 太阳的热

经过对太阳光谱20年的详细研究，天文学家们发现自己陷入了困境。很显然，太阳的温度要比人们许久以前估计的温度高得多。但到底有多高呢？多亏了物理学家约瑟夫·斯忒藩（Josef Stefan）的工作，1879年，人们终于第一次获知了太阳表面的准确温度。斯忒藩生于奥地利一个小村庄的工人家庭，在学校里学习成绩长居榜首。他差点儿选择以当修士为生，但最终决心钻研物理学。宗教的损失是科学的收获，因为斯忒藩很快就发现了物体的亮度和温度之间的关系。斯忒藩－玻耳兹曼定律宣称：在给定面积上，一个热物体每秒钟发射的能量与温度的四次方成正比。所谓温度的四次方就是四个温度值连乘。所以，一个物体的温度一旦加倍增高，它发射的能量就会是原来的16倍：$16 = 2×2×2×2 = 2^4$。为了利用这一点估计太阳的表面温度，斯忒藩加热了一个模拟太阳角度的圆形金属盘，研究了它每秒钟发出的能量。他的计算结果是：太阳表面上与这个圆盘等面积的一小块上每秒钟发出的能量是这个圆盘发出的43.5倍。所以，根据斯忒藩定律，太阳表面的温度必定是这个圆盘温度的2.57倍，因为$2.57×2.57×2.57×2.57 = 43.5$。这个圆盘的温度约为1950摄氏度，因此斯忒藩计算出，太阳的表面温度约为5140摄氏度。[1]今天人们公认的数值是5500摄氏度。这种将太阳这一类恒星的亮度与温度联系的方法，是理解恒星为什么全都有自己独特的谱线的关键。到了19世纪80年代，这些差别变得越来越明显。

· 人力计算机

接近19世纪末的时候，美国天文学事业持续发展壮大。

---

1 斯忒藩定律中的温度用的是绝对温度，但无论用摄氏度或者绝对温度，1950摄氏度的2.57倍都不是5140摄氏度，因此译者怀疑原文此处有误。

哈佛大学（Harvard University）的天文学家爱德华·C.皮克林（Edward C. Pickering）正忙于编纂一套有关恒星的光谱汇编。1882年，他首创了一种为每颗恒星的光谱照相的新技术，就是把一面棱镜放在一台照相机前面。这就意味着，人们可以把光谱信息存放在照相底片上，留待以后集中精神观看，而不需要通过望远镜观察。这种分析工作有许多都是由皮克林雇用的一批检查光谱的妇女做的，当时人们称她们是"人力计算机"，甚至有时候非常不尊重地称她们是"皮克林的后宫"。这些妇女每小时的工资是25~50美分，明显低于从事同种工作的男性的工资。威廉明娜·弗莱明（Williamina 'Mina' Fleming）是皮克林的第一批女性劳动团队的参与者之一。弗莱明于1857年生于苏格兰（Scotland）的邓迪（Dundee），21岁那年和她的丈夫詹姆斯一起移民美国，后者原是比她年长16岁的鳏夫。到美国后她很快就怀孕了，但詹姆斯在1879年婴儿出生前离家出走，把弗莱明这样一个年轻的单亲母亲留在一个新到的国家里。为了平衡收支，她到皮克林家做女佣。她一定对皮克林感恩戴德，因为她以皮克林的名字为自己的儿子起名（爱德华·查尔斯·皮克林·弗莱明）。在那个时候，皮克林越来越为他当时的男性"人力计算机"烦恼，据说他曾对他们大吼大叫："我的苏格兰女仆都比你们强！"皮克林一家对弗莱明极有好感。她才工作2年，就开始在哈佛大学天文台（Harvard College

Observatory）和皮克林一起做全职工作了。她的工作是用一把放大镜仔细检查照相底片，认真研究恒星的谱线。照相底片都是黑白的，这使得工作更为艰难。人们估计，她在自己的职业生涯中检查了20万张以上的底片。

1890年，皮克林发表了一份德雷伯星表（Henry Draper Catalogue, HD Catalogue），其中包括1万多颗恒星的光谱详情，但许多工作都是弗莱明做的。她发明了一种以恒星的氢元素光谱线为基础的恒星分类系统。所有的恒星都被列入不同的组合之内，从带有最多的氢元素光谱线的A组到氢元素光谱线最少的Q组。她很快就负责管理"人力计算机"，并为自己争取更高的工资。她在自己的日记中记录了她是如何与皮克林就这一问题讨价还价的："他立刻告诉我，按照女人的工资标准，我的薪水相当高……但他是否想过，我和男人们一样，需要维护我的房子，照顾我的家庭？……而且我们应该考虑到，现在是一个开明的时代！"哈佛大学有一批女性"人力计算机"的风声很快传了出去，最后，她们的工作也得到了应有的承认。在许多年后的1906年，弗莱明成为获得"英国皇家天文学会（Royal Astronomical Society, RAS）荣誉成员"称号的第一位美国妇女。1896年，弗莱明被安妮·江普·坎农（Annie Jump Cannon）吸纳加入了她的"人力计算机"团队。坎农在分析光谱的技术与效率方面取得的成就无与伦比。她曾因一次严重的猩红热几乎完全失聪。皮克林曾这样评价她："在能够迅速地进行这种工作这一方面，坎农小姐无愧为世界第一，无论男女。"坎农很快便意识到，A~Q的分组中有许多重叠之处，于是去掉了这些重复点，并将它们重新编排为O、B、A、F、G、K、M 7个光谱组。我们今天仍然沿用这一哈佛分类系统。

• 光谱学

我们还要讲述19世纪的另一个具有里程碑式意义的发现。1897年，英格兰物理学家J. J. 汤姆孙（J. J. Thomson）发现了电子——围绕原子中心原子核旋转的带负电荷的粒子。开始的时候，他的这一发现并没有得到各方承认。后来，汤姆孙在谈到他发表的这一宣言时这样说："在此很久之后，一位出席了我的演讲的著名物理学家告诉我，他一直以为我在拿他们开玩笑。"然而，汤姆孙是完全正确的。最后，当新世纪的曙光露出之时，几乎所有的拼图片段都已经就位。只需要最后一次革命，人们就能够彻底拆解彩虹，这意味着量子物理时代的来临。

早在1859年，古斯塔夫·基尔霍夫便曾研究过他在与罗伯特·本生一起进行光谱学工作时碰到的另一个棘手问题。他试图了解处于固定温度下的高温物体（如太阳）发出的光线的强度。他特别想要知道，这一强度是怎样在整个颜色光谱范围内变化的。例如,太阳发出的光线的最大强度出现在可见光谱的绿色和黄色之间的分界线上。来自较冷的物体的光的强度较弱,光强的最大值进一步向光谱上的红光一端移动。一旦物体的温度大约是太阳表面温度的一半,光强的最高峰便超越了红色光区,进入了人眼无法检测的低频范围(即红外线区)。基尔霍夫想要得出一个他能够用来表示处于固定温度下的任何物体发出的光的强度曲线的形状的数学公式,或者说定律。然而,他本人未能发现这一定律。到了19世纪末,两种不同的方法的出现基本上解决了基尔霍夫的难题。

德国物理学家威廉·维恩(Wilhelm Wien)提出了一个方程,我们现在将其称为维恩公式。它能在高频区准确地帮助人们找到匹配曲线的形状,但在低频区很难做到这一点。同样,英国物理学家瑞利勋爵(Lord Rayleigh)和詹姆斯·金斯(James Jeans)首创的瑞利-金斯公式在低频区的应用情况与实际情况高度符合,但在高频区的应用情况却不尽如人意。谁也无法让这两个公式融为一体,直到有一天,基尔霍夫过去的一名学生马克斯·普朗克(Max Planck),于1900年做出了一项极为重要的突破。他只做了一个微妙的假定,然后他的公式就能在一切频段与曲线完美契合,而他的这一假定会继续在物理学上发挥深远的影响。普朗克说:"热物体释放的能量的数值不能像过去设想的那样任意采取,而必须采取的是一个小能量单元的整数倍。"

他称这个单元为量子（quantum）。这和我们的货币系统类似。我没法给你61.5便士，因为英国银行发行的钱的数额只能是最小单位便士的整数倍。同样，宇宙释放的能量也只能用普朗克常数的整数倍来表示。他的发现开创了量子物理学的新纪元。

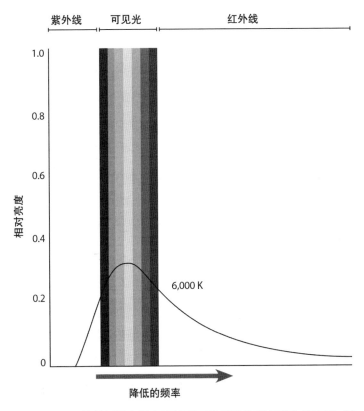

上图是一份说明日光强度如何随可见光谱的颜色变化的图表，其峰值大约出现在黄色与绿色之间。

• 量子革命

普朗克于1918年获得诺贝尔物理学奖，但作为量子理论的先驱而获此殊荣的并非仅此一人。诺贝尔奖首次颁发于1901年，此后不久，我们在这本书中已经提到的不少物理学家纷纷获奖。瑞利(1904年)、J. J. 汤姆孙(1906年)和威廉·维恩(1911年)都是早期获奖者。人们长期寻找在太阳和其他恒星的光谱上见到的谱线的来源，这一目标的实现现在已经遥遥在望。1921和1922年颁发的诺贝尔物理学奖表彰了两项具有里程碑意义的智力成果，这两项成果使我们有望解开这个困扰我们长达1个世纪的难题。这两次的奖项分别授予了阿尔伯特·爱因斯坦(Albert Einstein)和尼尔斯·玻尔(Niels Bohr)。爱因斯坦于1905年证明"光也是量子化的"，并以他将其称为"光子"(photon)的小单元的整数倍出现。他是因为这项发现获得诺贝尔奖的，而不是凭借后来在狭义相对论和广义相对论等方面取得的更著名的成就。1913年，丹麦人玻尔将爱因斯坦有关光子的想法与汤姆孙对于电子的发现结合，用原子的玻尔模型解释了氢的光谱线(氢线)。在他描述的图像中，电子围绕原子的中心旋转，就像行星围绕太阳旋转一样，只是维系这一关系的不是万有引力，而是电子本身的负电荷与原子核的总体正电荷之间的吸引力。然而，玻尔提出电子与行星之间存在一个关键性差别。旋转的行星可以任意选择自己的轨道，[1]但电子却不行。玻尔认为，如同能量与光一样，电子的轨道也有固定的大小。只有某些轨道是允许的，我们称这些轨道为能级（energy level）。

最低能级也就是距离原子核最近的能级，我们称其为基态（ground state）。如果一个原子吸收了一个光子，并且它的能量足以弥补这两个能级之间的差值，则原子中的一个电子可以从基态跃迁到一个较高的能级上。如果一个电子失去了能量，落入较低能级，那么它将发射光子，其能量等于这两个能级之间的差值。我们终于弄清了发射光谱和吸收（光）谱的意义。如果电子向能量较低的能级跃迁，原子将发射光子，我们就会在黑暗的光谱背景上看到明亮的谱线。如果一个电子在原子吸收了一个光子之后向较高的能级跃迁，我们就会在明亮的光谱背景上看到一条暗线，即颜色的缺失。对于每一种特定元素，因为这些能级的准确位置都是唯一的，所以，被发射或者被吸收的每个光子的能量也是唯一的。这就是谱线能成为天文学家手中强有力的工具的原因。它们看上去像条形码，而且确实

1　原文：Orbiting worlds are free to choose any orbit they wish。译者对此存疑：宏观地说，行星围绕太阳旋转的轨道不是量子化的，但它们的轨道受到各方面的制约，绝非可以由它们自己任意选定。而且，如果真有原子尺度的"微型太阳系"，而且其中恒星与行星之间以引力维系，我们也无法排除行星轨道"量子化"的可能性。

就是条形码——热天体含有物质的独特标识符。

　　玻尔的工作成果是一个重大突破，但同样引发了许多问题。譬如，如果把一种元素的温度加热得越高，那么其中的电子获得足够的能量跃迁到更高的能级上的机会就越大。如果它后来跃迁回去，也会发射一个具有同样高能量的光子。所以，随着温度的升高，谱线会变得越来越亮。只不过，氢的谱线强度大约会在温度超过1万摄氏度时开始下降。由于印度物理学家梅格纳德·萨哈（Meghnad Saha）的工作，我们很快就得到了对此的解释。1893年，萨哈生于今天位于孟加拉国（Bangladesh）境内的绍拉托里（Shaoratoli）。他的一位同事后来说，萨哈是一个"具有永不放弃的精神、坚定的意志、永不疲倦的精力和献身精神的人"。他取得的重大突破是第一次发现了恒星的温度与其光谱之间的关系。将原子加热到足够高的温度，你就给了电子足够的能量，让它能够彻底挣脱原子核的锁链，自由自在地在空间翱翔。这就形成了一片负电子的海洋，使之全都脱离了带有正电荷的原子核。物理学家称这种电子剥离的过程为电离（ionization），称电子脱离后残存的粒子为离子（ion），称这样一碗由电子与离子混合而成的"磁性汤"为等离子体（plasma），而"汤"中的带电粒子运动会产生磁场。萨哈提出了一个公式，后来人们将这个公式命名为"萨哈公式"（热电离平衡方程），我们可以利用它计算在不同温度与压力下恒星内部的粒子电离程度。特定谱线的亮度不会随着物质温度的升高而变得越来越高，因为一旦所有电子都已经在某个温度被剥离，继续提高温度也不会进一步增加谱线亮度了。挪威天文物理学家、作家斯文·罗斯兰（Sven Roseland）后来以这样的语言评价了萨哈："萨哈的工作对于天文物理学的促进作用无法估量，因为以后几乎所有该领域的进步都受到了它的影响，许多随之而来的工作都带有在萨哈的想法的基础上进行改良的性质。"萨哈曾6次获得诺贝尔奖提名，但没有一次获奖。

20世纪20年代的天文学界仍然是白种男人占据支配地位，其他人必须付出双倍的努力才能让他们的工作得到应有的承认。这一点对于塞西莉亚·佩恩（Cecilia Payne）来说当然是真实的，尽管今天人们已经将她视为20世纪富有影响力的天文学家之一。佩恩生于1900年，正是普朗克一举拉开了量子物理学序幕的那一年。她在英格兰长大，在剑桥大学学习科学。然而，在1948年之前，剑桥大学不给女性发放学位证，因此她未能得到任何学位。1923年她移民美国，像弗莱明几十年前做过的那样，开始在哈佛大学天文台工作。仅仅过了2年，她就以恒星大气的谱线为课题得到了博士学位。她在学位论文中得到了如下正确结论：在太阳和其他恒星中，氢和氦是含量远超其他物质的元素。她还在梅格纳德·萨哈工作的基础上，证明恒星可以被分为安妮·坎农划分的O、B、A、F、G、K、M几大光谱

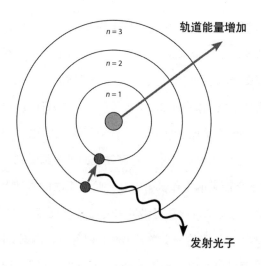

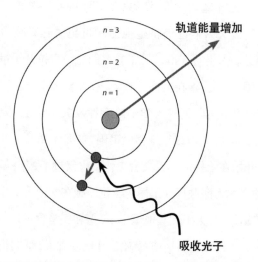

上图说明了谱线在原子层面的来源。电子能级的变化可以通过电子发射或吸收具有特定频率的光子来实现。

组别的原因全在于它们的温度。O组恒星的温度是最高的，而M组恒星的温度是最低的，不同的温度下，它们最外层的电离程度是不同的。太阳是一颗G组恒星，由73%的氢和25%的氦以及其他少量包含65种元素的物质组成。

到了"咆哮的20年代"末期，随着美国禁酒令的全面实施和大萧条的迫近，我们的彩虹已经在很大程度上得到了真正的拆解。这一切都归功于一大批天文学家，他们的生活明暗交杂，就像他们努力索解的光谱一样。自从夫琅禾费发表了576条光谱暗线的详细情况以来的100年间，他们付出了不懈的努力，这让我们对于太阳有了深入而不可估量的认识。我们现在已经知道，在太阳系的中心有一颗G组恒星，它的表面温度大约为5500摄氏度。通过对它的谱线的分析，我们揭示了一个多种不同元素在等离子体的"磁蜂巢"内急速涌动的丰富"挂锦"。但还有一个巨大的问题尚待解决：太阳最初究竟是怎样形成的呢？

3

诞生中的恒星

我们不过是尘埃和影子。

——贺拉斯（Horace）

宇航员理查德·科维（Richard Covey）在远离地球的高空
中飘浮着。大陆与大洋反射着日照的光芒，生动的绿色和蓝色
在他的身体下面倏然而逝。我们的行星是一座在漆黑的虚空
中闪耀的灯塔。但他几乎没有时间欣赏这一美景：他还有工作
呢。这是他的最后一次太空之旅。作为老牌宇航员，他正在
执行一项大胆而又关键的任务，这会让天文学发生革命性的
变革。他的航天团队正在检修哈勃空间望远镜（Hubble Space
Telescope, HST）。

这是一座带有一面直径为2.4米的镜子的飞行天文台，
在经过了几十年的策划与挫折之后，它才在1990年由"发现
号"（*Discovery*）航天飞机发射升空。1986年，"挑战者号"
（*Challenger*）航天飞机的爆炸事故和机上全体宇航员的遇难，

以及随后整个航天飞机机群被迫在地面留置,严重地阻碍了这台望远镜的发射进度。1990年5月20日,哈勃空间望远镜终于拍下了第一批恒星照片,但人们很快就清楚地发现,它的光学系统有严重的问题。哈勃空间望远镜镜头的清晰度远远未能达到预期。天文学家们很快便意识到了他们的错误:望远镜的主镜形状有问题。由于对镜面进行了抛光处理,镜头的边缘薄了0.0022毫米(相当于人的一根头发丝的1/50)。曲度不正确的镜面不能正确地聚焦来自远处的星光。科维与他的宇航员伙伴们接受派遣,在临近1993年圣诞节的时候执行一项历时10天的任务:乘坐“奋进号”(*Endeavour*)航天飞机前往太空修理哈勃空间望远镜。这次修理要求宇航员进行连续5天的太空行走,这项要求史无前例。当时的哈勃空间望远镜是人们的笑料,是一个耗资25亿美元的笑柄,美国国家航空航天局(NASA)遭到了各方的抨击。但修理工作成功完成了。恢复了活力的望远镜很快便重整旗鼓,以纤毫毕现的精准度,忙碌地扫过天空的各个角落。通过哈勃空间望远镜,公众看到了关于气体云层、星系和行星的令人瞠目结舌的图像。这让许多人认为,这座天文台激起了公众的想象,让他们的思想空前活跃。在20世纪90年代中期,带有哈勃空间望远镜形象的杯子和鼠标垫到处都是。那时,它拍摄的流行范围最广、最具有标志性的是三个由尘埃和气体组成的尘埃云的照片。这是天鹰星云(Eagle Nebula)(星云是太空中的庞大气体云,长度经常高达数光年)的一部分,人称

"创世之柱"（Pillars of Creation）。数百年间，人们曾反复争论着像太阳这类恒星的起源问题，而新修复的哈勃空间望远镜提供了这类云层的景象，开始让这一争论尘埃落定。

• 恒星的诞生

这台太空望远镜是以美国天文学家埃德温·哈勃（Edwin Hubble）的名字命名的。1889 年，哈勃生于密苏里州（Missouri）的马什菲尔德（Marshfield）。1929 年，在塞西莉亚·佩恩发表了具有里程碑式意义的有关恒星光谱的作品 4 年后，哈勃通过研究来自遥远星系的谱线证明了我们的宇宙正在膨胀。亨丽埃塔·斯旺·莱维特（Henrietta Swan Leavitt）是哈佛的又一台"人力计算机"，她的工作提供了一件关键性的工具，让哈勃能够得出他的划时代的结论。我们突然得到了有关我们的宇宙起源的证据，那就是：这个宇宙在一次大爆炸后开始膨胀。然而，当时的天文学家仍然在争论恒星本身的起源问题。他们站在一个交叉路口面前，在两个对立的选项之间艰难地考量。1931 年，英国天文学家詹姆斯·金斯将对太阳起源持对立观点的学者划分成泾渭分明的两大阵营。其中一派认为，太阳的诞生和它的行星家族的诞生是有联系的。另一派则认为，它们的诞生是相互无关的事件——行星是后来出现的，是在太阳形成之后的某种独立过程的结果。

对于这两个观点，当然第一个具有更为悠久的历史，至少可以追溯到1664年，见于法国哲学家勒内·笛卡尔（René Descartes）的有关著作。1596年，笛卡尔出生在图赖讷（Touraine）的拉艾（La Haye），该镇后来改名为笛卡尔。最著名的自然是他的名言：我思故我在（I think therefore I am）。在荷兰新教国民军（Protestant Dutch States Army）中担任雇佣军军官的20年自愿放逐期间，笛卡尔开始了有关科学的写作。他那本题为《论世界》（*The World*）的著作早在1633年就已准备停当，但那一年他见证了伽利略在罗马受到的异端审判。笛卡尔被震慑住了，决定暂缓出版这本书。后来，笛卡尔担任瑞典女王克里斯蒂娜（Christina）的宫廷教师，结果染上肺炎去世。直到1664年，也就是他死后的第14年，这本书才得见天日，全文发表。在《论世界》中，笛卡尔陈述了他的涡旋理论：等速运动的物质旋涡主宰着宇宙，其中较轻的物质被拉进了这些旋涡，经过沉积之后形成了恒星；较重的物质则塌陷变成了行星。

当极度崇拜笛卡尔的牛顿构思了自己的万有引力理论之后，这一设想得到了进一步完善。事实上，牛顿选择"自然哲学的数学原理"作为他的划时代巨著的标题，就是在套用笛卡尔的著作《哲学原理》（*Principia Philosophiæ*）的标题。由于18世纪的一批思想家（其中许多转而崇拜牛顿）的工作，我们对太阳系形成的理解更深入了。1734年,瑞典科学家伊曼纽尔·斯威登堡(Emanuel Swedenborg)发表了他自己的《原理》(*Principia*),其中一章论及"太阳星云和行星星云问题"。斯威登堡在给他的一位姻亲兄弟的一封信中写道:"我每天都要阅读牛顿的著作,我希望见到他,聆听他的话语。"斯威登堡确实在从乌普萨拉大学(Uppsala University,他年仅11岁时就申请在这所大学里学习)毕业后搬到了英格兰,但我们不清楚他是否与牛顿见过面。尽管如此,他曾与格林尼治皇家天文台的皇家天文学家长期共事,所以他应该清楚地知道牛顿和弗拉姆斯蒂德之间的摩擦。然而,斯威登堡自己的有关太阳起源的想法,受到笛卡尔的影响远远大于牛顿的。他认为,在太阳系的中心有一个旋涡。旋转的气体带从旋涡里面向外扩大并伸展,直到断裂成为大块,它们最终共生成为行星。这是第一个认为行星是由太阳物质逐渐形成的理论。斯威登堡后来不再研究天文学,转而研究更具灵性、更加古怪的问题。他相信自己接受了耶稣基督本人的任命,降世是为了让基督教现代化,而且他认为自己能够在天堂和地狱之间穿行,能够与天使和恶魔对话。

• 星云假说

尽管有这些早期的想法,但所谓的星云假说(nebular

hypothesis）真正的开山鼻祖应该是伊曼纽尔·康德（Immanuel Kant）。作为许多人心目中最伟大的现代哲学家，他是一个一丝不苟的人，不差分毫地依照习惯行事——据说他的邻居们可以根据他每天出来散步的时间校准时钟。康德最出名的著作是他发表于1781年的《纯粹理性批判》（*The Critique of Pure Reason*），但在26年前，他发表了《自然通史和天体论》（*Universal Natural History and Theory of the Heavens*）。康德在这部重要著作中提出，太阳系是在星云的基础上形成的，而星云是一大片气体云，其中有些地方尘埃的密度比其他地方的更大。这些紧凑的小块吸收周围的物质形成更大的团块，随着时间的推移，星云成功凝结。根据康德的计算，这样的收缩会放大星云原有的任何微小的旋转，使它的自转速度越来越快。这是出于旋转物体具有的一种叫作角动量（angular momentum）的性质，其计算方法是将一个自旋物体的角速度（rotation speed）、质量和紧密度相乘。一个孤立系统的角动量是固定的。因此，如果一个天体的角速度、质量或者紧密度有所变化，那么其他的性质也必须发生变化，这样才能让总角动量持恒。一个最好的例子可能是正在自转的花样滑冰运动员收拢了手臂。因为这时运动员收缩起了身体，所以其旋转速度必须增加才能予以补偿。迅速自转的弹性物体也倾向于把自身变平，因此做比萨饼的师傅才会在空中转动面团，进而把它变成一张平整的薄饼。据此，康德认为：由于星云的坍缩，原来的星云中央位置上形成了一个高速旋转的中心，即太阳。它的周围环绕着剩下的物质，变成了旋转的扁平圆盘。在这个圆盘上发生的微小的密度变化逐渐让物质通过引力聚拢，形成了围绕新生的太阳旋转的行星。

皮埃尔-西蒙·拉普拉斯（Pierre-Simon Laplace）在1796年所著的《宇宙体系论》（*The System of the World*）中，独立地描绘了一幅与上文类似的场景。杰出的数学家拉普拉斯被人称为"法国的牛顿"。他是拿破仑·波拿巴（Napoleon Bonaparte）在巴黎军事学校（École Militaire in Paris）的主考人。他也曾在法国首都学习，师从让·勒朗·达朗贝尔（Jean le Rond d'Alembert），后者刚开始对这位学生的印象并不深。他们第一次见面时，达朗贝尔只给了拉普拉斯一本厚厚的教科书就打发他走了，要他读完了再来。但只过了几天，拉普拉斯就回来了，这让达朗贝尔很生气，因为他觉得拉普拉斯不可能这么快就完成了任务。当知道拉普拉斯不仅认真读完了书中的每一页，而且能够很有自信地就书中的内容提出问题时，达朗贝尔对拉普拉斯的看法立刻发生了改变。在《宇宙体系论》这本书中，拉普拉斯描述了在冷却与收缩的气体云中形成的太阳，它身体变得扁平并且加速旋转时会抛出一个又一个物质环。每一个环都将凝结成块，变成行星。与过去许多有类似观点的人不同，拉普拉斯没有提到让宇宙开始自转的上帝。当他把自己的著作呈交拿破仑御览时，据说他过去的学生向他提出了这个问题。这位科学家干脆地回答："我不需要这样的假定。"除了没有提到神灵之外，他的想法也与康德的观点如此相似，因此，我们今天把他们的学说合称为"康德-拉普拉斯星云说"（Kant-Laplace nebular hypothesis）。

　　所有的行星都以同样的方向围绕太阳旋转，而且这也是太阳自转的方向——这一学说在整个19世纪都很受欢迎，而且也很有道理。从地球的北极上方俯瞰，每颗行星都是以逆时针方向围绕太阳旋转的。如果它们都是在处于自转状态中的星云的坍缩中形成的，那就可以解释它们全都沿着同样的方向旋转的原因。20世纪初，詹姆斯·金斯证明：如果星云的内部压力无法平衡向内的引力，星云就会坍缩。这一点是对康德-拉普拉斯星云说的极大支持。这一观点发表于1902年，星云的这种特性被称为金斯不稳定性（Jeans instability）。因为这一点取决于星云中的气体量和星云的总体积，所以天文学家们也讨论了金斯质量（Jeans mass）和金斯长度（Jeans length）。当这些关键数值发生变化，星云将不可逆转地坍缩。这与康德和拉普拉斯一个多世纪前描述的情况相同。尽管取得了这些明显的成功，但到了1931年，金斯开始为恒星形成理论归类的时候，星云假说已经不吃香了，这主要因为一个有关角动量的问题。太阳占有了太阳系中的绝大部分质量（约99.9%），因此你会认为，它将保有坍缩的星云的绝大部分角动量。然而，在太阳系中，太阳的角动量还不到总量的1%，而其他的差不多都由行星保有。我们的恒星自转得很慢, 差不多需要一个月才能完成一个周期。大多数行星自转的周期以小时计。这一显著的偏差迫使天文学家们把目光投向别处去寻找有关太阳与行星形成的理论。

• 是重新考虑的时候了

如果太阳与行星不是一起形成的, 那么有关角动量的问题就消失了。例如, 首先一个缓慢自转的太阳形成, 然后, 高速自转的行星通过其他方式独立出现在太阳周围。人们在 20 世纪初考虑了许多会让这种情况出现的原因: 或许, 形成不久的太阳曾经的自转速度太快, 促使一些物质被抛进了行星轨道, 与此同时太阳失了质量和角动量; 或许, 太阳在受到一颗彗星的撞击后破碎了; 或许, 两颗恒星曾经发生过碰撞; 也可能是太阳曾经穿过了另一片星云, 吸引了其中几团物质, 之后它们很快凝结成了行星; 也可能有另一颗恒星来到了太阳附近。美国地质学家托马斯·钱柏林(Thomas Chamberlin)和美国天文学家福里斯特·莫尔顿(Forest Moulton)于1905年提出, 这样一颗入侵的恒星的影响可以让已有的太阳系爆发成为两个旋臂, 一直延伸到当今的海王星轨道。此后, 引力会让这些物质凝聚成行星。他们称这样被喷射出的小型太阳粒子为星子(planetesimal), 直到今天, 天文学家们仍然在使用这个词。

　　1931年，金斯描述了一个路过的恒星，并且论及它的引力是如何把太阳中的物质抽出来，形成一条很长的线，并最终断裂形成一系列行星构造组件的。金斯认为，雪茄状的突出物中间部分的密度最大，因此最大的片段会在那里。这就解释了太阳系最大的行星——木星位于行星列阵中心的原因。他的理论得到了同为英国天文学家的哈罗德·杰弗里斯（Harold Jeffreys）的支持，这一理论因此有时被称为金斯-杰弗里斯理论。尽管有了这些努力，但谁都无法证实自己的设想能科学地说明问题。按照金斯的说法，他的理论"困难重重"。天文学家们一次又一次地撞上南墙，无法让自己的理论符合人们观察到的有关现代太阳系的特征。到了20世纪中叶，他们还不能完全解答太阳的起源问题。1952年，杰弗里斯在一次公开演讲中宣称："在我们所有的有关星系的假说中，我几乎看不到任何一个已得到了令人满意的解释。"

　　两个世纪以来，问题的答案其实一直清清楚楚地摆在天文学家们的眼前——他们错误地抛弃了康德-拉普拉斯星云说。由于一些关键的发展，这一星云假说在很大程度上会再次流行起来。20世纪60年代末到70年代初，人们对围绕新恒星形成的圆盘的物理性质进行了许多研究，其中尘埃的作用凸显。星云是由99%的气体和1%的尘埃组成的。然而，当星云收缩并变得扁平的时候，这两类物质受到的影响是不同的。由于尘埃颗粒的尺寸较大，在围绕新生恒星旋转的时候，它们受到了逆向气流的影响。这减慢了它们的速度，让它们沿着圆盘向外飘移，把一些角动量从中心区向圆盘的边缘区域转移。20世纪80年代，学者们通过望远镜在红外线下绘制了第一批完整的夜空图。正如电视上警察用摄像机追踪隐藏的罪犯一样，这些望远镜能够检测出热信号。这种方法在通过太空中浓密的气体与尘埃在云层中找到热天体方面尤其有用。1983年，人们在稠密的星云中发现了嵌在其中的4颗幼年恒星，它们的胚胎如同蚕茧，被庞大的气体和尘埃包裹在内。此外，天文学家们还发现了正在形成的恒星。

　　但让这个问题盖棺定论的是哈勃空间望远镜。1992年，甚至在得到修复之前，哈勃空间望远镜便获得了一系列有关猎户星云（Orion Nebula）的惊世发现。在构成猎户腰带（Orion's belt）的3颗著名的恒星附近，我们可以凭肉眼看到这一庞大的气体——尘埃云。哈勃空间望远镜在星云深处发现了15颗恒星，每颗恒星的年龄都小于100万岁，并且它们仍然在周围的气体和尘埃中收缩。在它们周围的是深颜色的扁平物质圆盘，天文学家们将其称为原行星盘（protoplanetary disc）或简称"原星盘"（proplyd）。不仅恒星正在这里形成，而且那些行星的构造组件也已经堆积在它们周围了。恒星形成和行星形成必定是捆绑在一起的，二者都与星云的坍缩相关。

　　在哈勃空间望远镜的视野完全恢复之后，它很快便被用来再次扫描猎户星云,在一个月内拍下了更多的原星盘照片。1995年,哈勃空间望远镜拍下了两张具有代表性的照片。它于4月揭示,高耸的"创世之柱"是婴儿恒星的保育箱,是产出照亮宇宙的新灯塔的恒星生产线。它又于11月见证了原星盘的一个璀璨奇观:其中的4颗恒星,每一颗都正被一条神秘的暗带吞没。我们正在观看另一个太阳系的形成过程。我们现在知道,仅仅猎户星云中就有180个原星盘,而猎户星云只是距离地球最近的一个恒星制造工厂。2018年,以来自德国马普学会天文学研究所(Max Planck Institute for Astronomy in Germany)的米利亚姆·开普勒(Miriam Keppler)为首的天文学家们拍下了一帧单一的新生行星的照片,这是有史以来第一颗经过确认的新生行星。这颗行星围绕着名为PDS 70的恒星旋转,现在正在恒星的原星盘的残骸中开辟自己的轨道——这是"行星确实是在尘埃盘中形成"的观点的铁证。

• 我们是怎样形成的

今天,天文学家们对于太阳形成的基本步骤达成了共识。大约46亿年前,存在一个直径大约65光年(6.2×10^{14}千米)的气体与尘埃云。它不断收缩,最终达到了一个临界点。根据詹姆斯·金斯的理论,当星云处于这一临界点时,不可逆的坍缩便不可避免地开始了。就在它持续收缩并加速自转的时候，这团星云分散成了许多部分，其中直径大约3光年的一部分就是后来的太阳和围绕着它旋转的新行星世界的家族成员。这一部分包含着今天太阳系中的一切成分。它们当时并不都是以与今天相同的形式存在的，但那些后来构成了我们太阳系中的一切物质的原子都一应俱全。无论是形成土星的环、火星的卫星，或者是人们写的每一本书中每一行所用的墨水、每一次战役中流淌的鲜血，或者是嗡嗡叫着的蜜蜂、盛开的花朵、欢唱的鸟儿，或者是毕加索的画作、丘吉尔的雪茄，还是你的头发、眼睛或牙齿，构成这些东西的所有材料都已备齐。

星云完全坍缩大约需要10万年，从天文学的角度看，这只不过是短暂的一瞬。在这段时间内，它的大小变成了原来的1/2000。气体分子越来越频繁地相互碰撞，温度和压力随之变得越来越高。星云中间出现了一个致密的、发热的球体，叫作原太阳（protosun）。如同人类的胎儿，它还没有完全成形。它变得越紧凑，其自转速度就越快，因为这样才能让角动量守恒。落向这颗圆形太阳的物质被向外抛去，并围绕着它旋转，形成了原星盘，然后向外延伸，到达了是现在日地距离1000倍远的地方。幼年的太阳成长壮大，成为照耀着今日太阳系的恒星，这又花费了5000万年的时间。在这样一个"混小子"阶段——可能与人类的少年阶段相仿，它变成了天文学家们口中的一颗金牛T型星（T-Tauri star）。这颗少年太阳以至少是现在2倍的速度自转，向太空中放出大量的高能辐射，它的圆盘上到处是庞大的黑子。迅疾的狂风从它的表面咆哮而出，它的两极也可能在向外喷射着高速双生物质流。这只是人们认为的一种可以让角动量从原太阳向周围的圆盘上转移的方式，它开始减缓原太阳的转动速率。

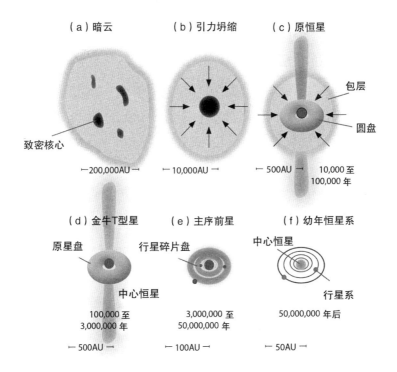

（a）暗云　　　　（b）引力坍缩　　　（c）原恒星

致密核心

包层

圆盘

├─200,000AU─┤　　├─10,000AU─┤　　├─500AU─┤　10,000 至
　　　　　　　　　　　　　　　　　　　　　　　　　　　100,000 年

（d）金牛T型星　　（e）主序前星　　　（f）幼年恒星系

原星盘

行星碎片盘

中心恒星

中心恒星

行星系

100,000 至　　　3,000,000 至　　　50,000,000 年后
3,000,000 年　　50,000,000 年

├─500AU─┤　　├─100AU─┤　　├─50AU─┤

　　上图反映了由星际物质组成的暗星云转变为崭新的太阳系的时间线。

　　与此同时，圆盘上的物质已经开始凝结。首先，静电力将极小的尘埃颗粒聚集到一起形成了小卵石。然后引力开始起作用，让这些卵石反复相互碰撞，最终形成了直径几百米的巨石。巨石接着又相互碰撞，形成了宽度可达10千米的巨型星子。这些构筑单元的组成取决于它们的来源。靠近原太阳的地方非常热，这让大部分物质都蒸发掉了。能够在这种严峻的地狱之火中幸免于难的只有那些沸点极高的元素，如铁和镍。最终，只剩下几百个沉重的金属与石质原型星体（protoworlds）在太阳系的内层飘荡。进一步的碰撞使它们变成了四个类地行星，周围散布着卫星和小行星，它们都是天体中的"下脚料"。在进一步远离热源的地方，温度骤降到冰点以下，这就形成了水、甲烷和氨冰，然后它们通过碰撞形成了冰冻物质的核。在几百万年之内，有质量为地球的4倍的冰天体孤立存在于距离原太阳10亿多千米的地方。它们也会碰撞，而且会吸引一些来自原始星云的残余气体，结果变成了外太阳系的四个巨行星。2019年，一个来自日本国立天文台（National Astronomical Observatory of Japan）的以有松亘（Ko Arimatsu）为首的天文学家团队发现，海王星的轨道之外还有一个10千米宽的星子保留原状。任何遗留下来的更小的冰块现在都是彗星，它们在我们的邻域冰冷的外围游弋。幼年太阳的强风清除了绝大多数剩下的气体和尘埃，留下了一个初生的太阳系。阵风如此强烈，甚至让其附近地区无法形成其他恒星。2019年，天文学家们在猎户星云中第一次发现了这种情况。随着时间的推移，新的行星相互推挤、排斥，争夺地盘，把一些原行星驱逐到了太阳引力的势力范围之外，余下的行星则在互相冲撞。在地球形成只不过1亿年后，它就遭受了一颗火星大小的原行星突如其来的袭击。碰撞产生的碎片分散在轨道上，最后聚合形成月球。

• 为什么会发生这种情况？

这是一个神奇的故事，但有一个关键的情节点缺失：最开始的时候，是什么迫使星云坍缩的？人们最近对小行星物质进行了分析，或许从中能找到答案。这些石头和金属的块状物体是星子残留的碎块，存在的历史早于小行星本身。它们有时候会落到地球上，这就是陨石。它们是能为我们提供宝贵信息的时间胶囊，科学家们可以通过它们研究太阳系的过去。小行星对于天文学家，就相当于化石对于古生物学家，它们包含着历史的秘密。在这些陨石和小行星中，最古老的物质的年龄是46亿年。正是根据这些线索，天文学家能够估计生成太阳系的那团星云是在多久之前开始凝结的。它们也有曾经存在寿命较短的放射性同位素（isotope）的证据，这些同位素是我们熟悉的铝和铁一类化学元素的稀有版本。以铁-60为例。一个普通的铁原子（铁-56）的原子核中含有26个质子和30个中子，但铁-60的原子核中含有26个质子和34个中子，所以它又重又不稳定。为了稳定原子核，其中的一个中子摇身一变成了质子，铁-60的原子变成了镍-60原子。如果把一块铁-60放置在某一地方260万年不予理会，它有一半的原子将会经历这种变化。在2100万年之后，99%以上的铁-60原子都会发生嬗变。太阳系已有将近50亿年的历史，在小行星上曾经存在过的铁-60都早已消失。但它们发生变化形成的镍-60是稳定的，所以还继续存在着。

2017年，一个来自华盛顿特区卡内基科学研究所（Carnegie Institution for Science）的天文学家团队分析了一组人称碳质球粒陨石（carbonaceous chondrites）的物质。他们从中发现了足够多的镍-60，这可以证明，这些陨石的母小行星在形成时含有相当多的铁-60。宇宙中没有多少方法可以大量生成铁-60。人们知道，它是在一颗庞大的恒星"临死"前发生人称超新星（supernova）爆发的灾难性爆炸时生成的。因此，卡内基团队的发现暗示，太阳所在的邻域，曾经有过一次或者多次超新星爆发。这是在太阳形成之后，它向一个已有的星盘中注入了铁-60才有可能出现的情况。但如果它发生在太阳形成之前，那么冲击波将会压缩星云，推动它越过金斯不稳定性的界限，从而令其开始这一必然过程，创造距离我们最近的这颗恒星。

　　这就意味着，我们之间全都是有联系的。宇宙就是一个巨大的回收利用站：昨日的恒星会形成明日的行星。它或许也可以解释这个太阳系内存在生命的原因。只有质量巨大的恒星才会变成超新星，在它们生命结束的最后一瞬间，它们的核中会发生狂热的元素制造活动。在那里，碳变成了氮，后者又变成了氧，最终，硅变成了铁。于是，当这颗恒星被自己的重量压垮时，超新星爆发就会发生。爆炸促使这些元素进入到太空中，它们在那里与周围的物质混合，形成了庞大的星际云，也就是星云。你吸入的空气中含有的氧，你的红细胞中含有的把氧输送到你全身上下的铁，都是在恒星内部形成的。来自恒星爆炸的"弹片"纷飞到太阳星云中，其中重元素丰富了它的内容。最终，在引力的作用下，当太阳的原星盘的物质聚拢的时候，其中的一些就变成了地球的一部分。我们的行星形成后不久，通过一些迄今还不为人所知的过程，由这些元素混合形成的一些"汤"又被转变为第一批生命形式。如果没有超新星爆发，那么地球上不会有碳、氧和铁，我们也就不会存在。正如美国天文学家卡尔·萨根（Carl Sagan）曾经说过的那样："我们都是由恒星物质制成的。"这是在最宏大的舞台上上演的生命循环表演。一颗恒星的死亡，导致了另一颗恒星的诞生。

• 太阳的兄弟姐妹们

或许那颗恒星诞生的同时还形成了别的恒星。毕竟，人们认为，原始星云分裂成了许多个部分。如果每个部分都形成了一颗恒星，每颗恒星都有自己的天体系统，那么太阳就不是星云的"独生子"了。这种想法得到了事实的支持，即我们经常看到一簇幼年恒星挤成一团。其中最著名的一个是昴星团（Pleiades），也叫"七姐妹星"（Seven Sisters），因为其中有7颗星足够亮，我们的肉眼能够看到。在北半球（northern hemisphere）冬季的天空，你可以通过让视线沿着猎户腰带移动，然后转向右边，进入临近的金牛座（Taurus）来找到它。利用双筒望远镜，你可以在那里看到二三十颗恒星，但昴星团中有1000多颗恒星。它们全都是在大约1亿年前从同一团星云中诞生的，这样年龄的恒星所处的阶段在人类社会领域只能相当于人类的婴儿时期。如果我们的太阳是一个40岁的中年人，那么昴星团中的这些恒星就都是不满1岁的婴儿。太阳很有可能曾经属于一个类似于昴星团的地方，但在约46亿年前翩然离开，与我们的银河系（我们的太阳生活的恒星"大城市"）中其他的恒星一起生活。就像一个现代大都市一样，银河系是一个迁徙者的大熔炉，其中包括了许多本来在遥远的星际空间中诞生的"公民"，所以找到那些有着共同祖先的恒星绝非易事。——追寻它们祖先的踪迹，就相当于在全世界70多亿人口中为几个人寻找几百个近亲。

如果说，20世纪的人们弄清了太阳的形成方式，21世纪的天文学家则在寻找太阳的兄弟姐妹们。只要根据年龄就可以排除许多恒星——要想成为太阳的同胞兄妹，其年龄必须和太阳相仿。对于人类，你可以去做DNA检测，看看两个可能的候选人是不是具有同样的遗传基因。由于有了光谱学，天文学家们可以做完全相同的事情。如果两颗恒星产自同一团母星云，它们将会具有同样的组成物质。仔细分析它们的夫琅禾费谱线，将发现其中具有的类似元素有近似相等的比例。这是非常繁杂的过程。请允许我们再次用地球上的生物的情况打比方。在这颗行星上的许多生命体都有相似的DNA：你有一半的遗传信息和香蕉的相同，你和黑猩猩的遗传信息有99%是相同的。两个没有血缘关系的人类之间的遗传信息的差异只有0.1%。恒星的情况与此类似，它们主要都是由氢和氦构成的。正是微量元素上的微小差别，让人能够看出两颗恒星是否来自同一团星云。钡和钇是证明恒星具有共同血统的元素中的佼佼者。

这一领域的研究才刚刚起步。早期人们对一个人称M67的恒星团特别感兴趣。这个恒星团横跨大约100光年，距离我们差不多3000光年，其中许多恒星的年龄与太阳的大致相当，两者温度差相仿，光谱也非常接近。太阳现在也正在远离这个恒星团，就好像自己是被这个恒星团"放逐"的一样。但如果太阳真的曾经是它的一部分，而且这个恒星团现在基本上还完好无损，那么当年的太阳为什么会"惨遭放逐"呢？2012年，一份深度的计算机模拟报告揭示，要"驱逐"幼年的太阳，需要满足一种发生概率很低的条件。如果有两三颗恒星按照正确的方向对齐，那么它们的联合引力足以将太阳从它的兄弟姐妹团体中抛出去。这一模拟报告同时证明，按照这样的排列方式，当年太阳被"驱离"出这个星团的速度可能是现在它背离星团而去的速度的2倍。随着时间的推移，银河系中的其他恒星的引力可能会对被"放逐"的太阳产生作用，减慢它的速度。然而，如果初始抛离速度如此之高，那么它会拉长地球和其他行星近似于圆的轨道，令其变成更为明显的椭圆。看来，太阳不曾是M67的一部分。

2014年，一个以得克萨斯大学（University of Texas）的伊万·拉米雷斯（Ivan Ramirez）为首的天文学家团队宣布，他们发现了第一个经证实为太阳的兄弟姐妹的星体。他们开始对一个包含10万颗恒星的样本组进行研究，然后将搜索范围缩小到30颗看来有希望的恒星。接着，他们使用了分布在地球的两个半球上的高精度天文望远镜，极为详尽地分析了它们的光谱。它们当中只有两个恒星的光谱与太阳的极为相近。然而，如果某颗恒星真的是太阳的同胞兄妹，那么它必须与太阳是在银河系的同一区域内形成的。拉米雷斯和他的团队观察了这两颗恒星今天的速度和位移情况,用倒推法分析它们是否曾与太阳同在一个区域。结果,两颗恒星中只有一颗曾经与我们十分接近,它就是HD 162826。它今天位于武仙座(Hercules),距离我们只有110光年。作为参与安布尔项目(AMBRE project)的一分子,另一个以天文学家瓦尔丹·阿迪比凯亚(Vardan Adibekyan)为首的团队仍在继续寻找太阳的兄弟姐妹。他们总共研究了1.7万颗恒星,得到约23万份光谱,其数量之多令人惊奇。他们必须对每颗恒星进行1个小时的观察。结果,其中只有12颗恒星的光谱与太阳的光谱吻合,而且只有1颗曾与太阳处于银河系的同一个区域,这颗恒星就是HD 186302。人们于2018年宣布,它是第二个经证实为太阳的兄弟姐妹的星体。利用欧(洲)空(间)局(European Space Agency, ESA)的盖亚(Gaia)空间望远镜,天文学家们可以重建它在银河系中的运行轨迹。盖亚空间望远镜于2013年发射,预期至少可以使用到2022年,能够准确地绘制10亿颗天体的位置图,包括银河系中1%的恒星。它也可以测量这些恒星的运行速度。这就意味着,天文学家们可以逆向观察其他恒星在当初太阳经过时于太空中的位置。

这两项发现只不过是冰山一角,天文学家们对于今后10年左右发现大批太阳的其他兄弟姐妹满怀希望。他们已经把各种证据拼到了一起,预估了太阳的潜在兄弟姐妹的数量。只有质量极大的恒星在生命结束的时候会成为超新星，而庞大的恒星极为罕见。从统计学的角度上说，如果形成了太阳的星云是因为附近的超新星爆发的冲击波而坍缩的，那么它中间必定包含了一个大小相当可观的恒星团。只要看一眼外层太阳系，我们就可以得出类似的结论。在远离这些天体的地方，有一个叫作塞德娜（Sedna）的矮行星。它距离太阳如此遥远，需要1.1万年才能沿着高度拉长的椭圆轨道绕太阳运行一周。数百个与它类似的海王星外天体存在于高度拉长的椭圆形轨道上。人们对此提出的一种解释是：大约7万年前，曾经有一颗恒星与外太阳系擦肩而过，它的引力把这些天体拉向外面。另一种解释是，在太阳系形成之后不久，太阳的某个兄弟姐妹刚好扮演了这个角色。如果这种事情能够发生，那么我们的太阳也必定曾经属于一个相当大的恒星团。但这个恒星团中的恒星也不能太多，否则，太阳星云的其他部分会在它们早期强烈的紫外辐射的作用下全部蒸发，而且紫外辐射会严重地妨碍行星的形成。换言之，我们今天也就不可能存在了。考虑所有这些因素，太阳的兄弟姐妹总数应该在1000~10000个。

为了真正了解太阳诞生的地点和方式，找到更多太阳的兄弟姐妹是关键的一步。而且，因为有了盖亚空间望远镜这类背负着使命的航天器，我们将能够找到它们的共同起源。最终，这将向我们披露银河系的其他地方存在生命的概率。如果太阳是在向外迁徙之前不久形成的，我们或许应该去寻找那些与太阳有同样经历的恒星。说不定，太阳的兄妹恒星就是宇宙中其他最可能存在生命的地方。我们现在生活在一个探测系外行星（extrasolar planet）的时代，也就是说，我们具有找到太阳系外的恒星系中的行星世界的能力。我们很快就会具有定期扫描来自它们的大气的光谱的能力，然后借此寻找生命体存在的元素，如水和氧气。如果我们的太阳有更多的同胞恒星，天文学家们便将对其他生命行星的搜索工作集中到这些恒星系上。我们将对它们进行更为仔细地检查，这或许会为我们提供关键的线索——弄清楚究竟是什么让一个恒星系适合生命存在。我们究竟是普遍物种还是珍稀动物？我们是形只影单的孤家寡人，还是在进化路上有着其他生命陪伴的社会生物？

但是现在，对于宇宙中已知唯一有生命存在的行星来说，太阳是我们的母恒星。在地球漫长的历史中的每一天，它都毫不动摇地存在于我们身边。大陆会碰撞，文明有兴衰起落，战争有胜有负，只有太阳总是一如既往地在空中照耀着。是什么让日照持续45亿年之久？在20世纪很长的一段时间里，我们对太阳能源的探索和对它的起源的研究齐头并进。和所有的起源故事一样，我们对于太阳能源的探索也经历过许多曲折。这是一个有关战争、阴谋、谍报活动和对不可见事物的探寻的故事。

4

核动力源

真正的杰作不是冲动的结果，而是一点一滴的小事汇成的总体效果。

——文森特·凡·高（Vincent van Gogh）

亚瑟·爱丁顿（Arthur Eddington）于1920年8月走上讲台，在英国科学促进协会（British Association for the Advancement of Science）的一次会议上发表讲话。他一直在自己辉煌而又动荡的人生道路上迈步前行。他于1882年生于坎布里亚郡（Cumbria），他的父亲是贵格会（Quaker）学校里的一位教师，但在他不满2岁时就在一场席卷了整个英格兰乡村的伤寒传染病中染病去世。终其一生，爱丁顿与他的父亲一样，对贵格会非常虔诚。作为一名极有天赋的学生，爱丁顿16岁便就读位于曼彻斯特的大学，并于1902年转入剑桥大学读书。2年后，他成为有史以来第一个在二年级便获得了令人垂涎的"课程第一"（Senior Wrangler）头衔的学生，这是对在该大学极高难度的数学考试中荣获最高分数的学生的奖励。从剑桥大学毕业之后，他担任了格林尼治天文台台长首席助理的职务。然后，1913年，时年30岁的他回到剑桥大学做了教授。他于第二年被选为皇家学会会员。7个星期后，弗朗茨·斐迪南大公（Archduke Franz Ferdinand）在萨拉热窝（Sarajevo）遇刺，整个欧洲迅速卷入战争的旋涡。

到了1916年春季，战争造成的伤亡如此严重，以至于英国政府不得不实行征兵制，用以确保在堑壕固守的士兵的人数。所有年龄在18~41岁的单身男性都被送上了前线。爱丁顿33岁，未婚。但他身为贵格会教徒与和平主义者，十分厌恶战争。他已经准备用道德与宗教的原因拒服兵役，但他在剑桥大学的雇主们出手干预，使他取得了豁免入伍的资格。爱丁顿得以继续从事他重要的天文学工作。雇主们干了一件好事，否则爱丁顿就得因为他的信仰坐牢了。他享有的豁免权一直保留到1918年，那时英国国民服务部（Ministry of National Service）上诉反对这一决定，法庭审理日定于同年6月。如果该部上诉成功，他享有的豁免权将于1918年8月失效。在两次冗长的法庭聆讯之后，爱丁顿得到了12个月的延期，条件是他需要于1919年春季远渡重洋，前往非洲大陆西岸的大西洋海岛观察日食。最后，在他的延长期到期之前，战争结束了。

• 一次具有重大历史意义的日食观测

上文介绍了在《凡尔赛和约》（*Treaty of Versailles*）签署1个月前的1919年5月19日，爱丁顿踏上普林西比（Príncipe）这座小岛的前因后果。在战争期间的英国天文学家中，爱丁顿是既有足够的数学基础，又在道义上愿意认真研究德国方面提出的激进的新观点的少数人之一。1915年，阿尔伯特·爱因斯坦发表了著名的广义相对论，这是对牛顿的引力理论的批驳。爱因斯坦认为，牛顿提出的万有引力不是一种力。取而代之的是，他认为，像恒星与行星这类庞大天体会让它们周围的空间发生变形。苹果的下落并不是因为它受到地球的引力，而是因为它在空间内按照一条曲线路径运动，而这条路径是由我们这颗行星所创造的。解释这一现象的经典方法是，把空间想象为一张四个角拉得紧紧的床单。如果将地球比作放在床单中央的一只保龄球，那么靠近它的其他物体就会落进它造成的凹陷处。保龄球没有牵引力，它们受到的引力只不过是它们周围发生的空间弯曲导致的。这是十分不同寻常的说法，它试图推翻人们几个世纪以来接受的理论，而且需要相当不寻常的证据的支持。

在这种情况下，爱丁顿和1919年的日食结缘了。这位和平主义者很可能将这件事，即一个英国人证实了一个德国人的理论，视为一个理想的机会，用以重新打开第一次世界大战宿敌之间沟通的渠道，并巩固他们未来的关系。牛顿和爱因斯坦的理论都预言，太阳能够使其周围来自遥远的恒星光线扭曲。这就意味着，人们可以在太阳旁边看到一颗位于太阳后面、光线传播的直线路径被太阳遮挡的恒星。他们意见的分歧在于：这些产生位移的恒星究竟会出现在离太阳多远的地方。正常情况下的太阳过于明亮，人们无法看到天空中离它很近的恒星。当然，如果在日食期间月亮遮住了太阳圆盘，情况便会有所不同。就这样，在1919年的日食期间，爱丁顿在普林西比岛上拍下了有关照片，而一个来自格林尼治的团队也在大西洋彼岸的巴西拍下了同样的照片。尽管经常有浓云遮蔽，爱丁顿还是成功地拍下一张照片，它成了物理学史上重要的照片之一。恒星的位移位置完全符合爱因斯坦预言的。牛顿是错误的。当爱丁顿于1920年1月发表他的结果时，其立即成为全世界的头条新闻，征服了公众的想象力。爱因斯坦很快就成了这颗行星上著名的人物之一。

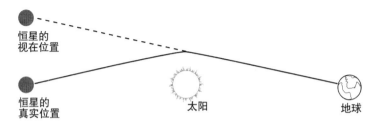

　　在日食期间，由于发出的光线受到太阳附近空间变形的影响发生偏转，所以太阳邻域的恒星看上去像发生了位移。

• 一个革命性的新想法

也就是在1920年的晚些时候，爱丁顿踏上了加的夫（Cardiff）的讲台，在英国科学促进协会组织的一次大会上发表演讲。他的演讲题目是《太阳庞大能源的来源》。在讲话中，爱丁顿提出了一个令人震惊的观点：太阳是通过把氢转变为氦来产生能量的。这是一个非凡的想法，特别是因为直到20世纪20年代后期，塞西莉亚·佩恩才在她具有里程碑式意义的光谱工作中证明，太阳的大部分成分是氢和氦（正是爱丁顿激发了佩恩学习物理学的兴趣）。爱丁顿的观点主要以他在剑桥大学的一位同事弗朗西斯·阿斯顿（Francis Aston）的工作为基础提出的。阿斯顿生于1877年，在距离伯明翰（Birmingham）不远的农庄中长大。他最早的科学实验是当他还是个小男孩时做的，实验地点是一座废弃的猪圈。在马厩顶上的一间将就搭成的实验室里，他完成了自己在乡村实验室的最后一次实验，他的姐妹们看着他做吹玻璃实验并制造酸性炸弹———一年一度的家庭表演会上用于燃放的焰火。他的科学道路是明确的。1910年，阿斯顿接受邀请前往剑桥大学，邀请他的不是别人，正是大名鼎鼎的 J. J.汤姆孙——电子的发现者。阿斯顿显然非常享受在剑桥大学的时光，并于1940年在《泰晤士报》上写道："在他手下工作，刺激与激动永远都不缺。当进展顺利时，他无拘无束、非常孩子气的热情很有感染力，有时也会令人尴尬。"

他们俩一起，开始在带有电场和磁场的管子里操纵被剥离了电子的原子。然后战争爆发了。阿斯顿被派往皇家航空研究院（Royal Aircraft Establishment），当1914年一架原型机坠毁时，他就坐在飞机里。幸运的是，他毫发无伤地走了出来。战争结束后，他于1919年回到剑桥大学，并完成了质谱仪这项重要的新发明。阿斯顿意识到，与较重的粒子相比，较轻的粒子更易受到磁场力与电场力的作用而发生较大的偏转。经过调整，他的质谱仪可以通过测量不同的原子核偏转角度的大小确定原子量。与传统的光谱仪一样，它能够告诉你一个物体的组成元素，但不是通过物体的光，而是按原子质量进行的分类。

爱丁顿认为，在阿斯顿的所有发现中，最重要的一项是：氦原子的质量比4个氢原子的质量之和小0.71%。这一点出人意料，因为1个氢原子的原子核中只有1个粒子[1]，而1个氦原子的原子核中有4个。4个氢原子的质量按理来说应该等于1个氦原子的质量，然而它们之间不相等。这一点给了爱丁顿一个关键的线索，让他想到了太阳是如何得到能量的。如果太阳将氢转化为氦，或许缺失的质量就会被转变成能量。这个过程叫作核聚变（nuclear fusion）。1922年，也就是阿尔伯特·爱因斯坦凭借他在1905年提出的有关光电效应的原理获得诺贝尔物理学奖（由爱丁顿提名）的次年，阿斯顿因为在质谱方面取得

1　组成原子核的粒子，即中子和/或质子。

的成果获得了诺贝尔化学奖。对于爱因斯坦来说，1905年是高产的一年，因为他在这一年发表了狭义相对论，并提出了后来世界上最著名的方程——质能关系式：$E=mc^2$。这里的E是物质的能量，m是物质的质量，而c是真空中的光速。爱因斯坦其实是在说：质量与能量是一回事，你可以将它们互换。计算质量为1千克的物质中有多少能量，你只要用光速的平方乘以1，就可以获得答案：$9×10^{15}$焦耳。它差不多等于全英国3天消耗的能量的总数，而且这只是1千克物质中含有的能量。如果你可以把30个成人的质量转变为能量，它们足够整个美国用1年。爱丁顿可能已经看到了未开发的能量库的巨大潜力，但他也有自己的担心："这似乎能让我们在控制这种潜能的梦想方面前进一步，这种潜能可能是在为人类这个物种谋福利，也可能是为了让他们自我毁灭。"当他说出这些话时，有关最近的战争的画面仍然在他的脑海中萦绕未去。

核聚变这一想法的提出极为大胆，爱丁顿知道这一点。他在加的夫告诉听众们："就算有人小声地说我有时候讲话有点投机，我也毫不惊讶。"这明显背离了此前的主流理论，即所谓的收缩说（contraction hypothesis）。这个理论是在19世纪发展起来的，认为太阳在形成它的星云母体中仍然处于收缩的过程中。正如一本从书架上落下来的书将势能转化为动能一样，太阳是在持续收缩的过程中将势能转化为热能的。这一想法的一位重要支持者是威廉·汤姆孙（William Thomson），他在幼年因为心脏病险些丧命，后来成了英国上议院（House of Lords）的第一位科学家，并获得了"开尔文勋爵"（Lord Kelvin）的贵族封号。作为该机构的支柱，他发现自己的话语颇受许多人的重视。这主要是因为在维多利亚（Victoria）女王所处的蒸汽时代，他曾在有关热与能量的研究中做出过重大贡献。1897年，开尔文根据计算得出，由引力收缩供能的太阳的年龄不可能超过4000万年，否则它现在就已经耗尽了全部势能。这一计算得出的太阳短暂的寿命结果与其他主流科学家工作得出的不同。查尔斯·达尔文（Charles Darwin）通过以自然选择为主要内容的进化论说明，地球上的生物是通过一代又一代缓慢地改变进化的，进化所经历的时间远远长于开尔文计算得出的时间。1907年，学者们根据放射性测定年代法（radiometric dating），估计地球的年龄为5亿年（今天我们知道，地球的年龄是45.4亿~46亿年）。因此，到了1920年爱丁顿发表讲话的时候，主流理论已经非常明显地站不住脚了，而这位动作迅速的天文学家毫不犹豫地补上了一脚。"让收缩说苟延残喘的只不过是传统的惯性，或者说，它已经死了，剩下的唯有一具尚未下葬的尸体。"事实证明，他的这篇讲话是在收缩说的棺材上钉下的第一枚钉子。

• 迎难而上

爱丁顿只为这个想法提供了框架,其中还有许多空白需要填补。他的反对者指出了这样一个事实:太阳的温度确实很高,但还没有达到让核聚变发生的程度。但爱丁顿不为所动。他说:"一个让批评者们无言以对的简单方法是,我们让他们去找一个更热的地方。"看来迎接批评者的只有地狱了。

问题是,两个氢原子发生核聚变似乎是一个极端不可能的事件。氢原子的原子核是一个带正电荷的孤立的粒子,叫作质子(proton)。这个名字是物理学家欧内斯特·卢瑟福(Ernest Rutherford)在与1920年爱丁顿发表核聚变讲话的同一个大会上提议的。要让两个质子聚合在一起,它们的距离需要在1个毫微微米(即1毫米的 1×10^{-12})之内。然而两个质子都带正电荷,它们的自然倾向是相互排斥,就像两块都显示北极的磁铁一样。根据经典物理学,即使太阳中心极高的温度和压力都不足以迫使质子间的距离接近这种程度。两个质子的距离在1个毫微微米之内的概率是 1×10^{-290} 。这个"1"前面有290个"0"!假设每秒钟有100万的四次方计的质子在相互碰撞,你也需要等待比当今宇宙的年龄长许多倍的时间,才能看到一次核聚变事件发生。没有了恒星之光,我们的宇宙将是一片黑暗与荒凉。这就好像存在一堵永恒的墙壁,隔绝了任何两个质子之间的直接接触。被隔绝在大墙两边的两个质子永远不能见面与聚合。物理学家们称这种障碍为"势垒"〔有时候也叫"库仑势垒"(Coulomb barrier)〕。

　　这就是横亘在爱丁顿面前的反对派论据,而你或许会认为,在这种形势下,爱丁顿只好偃旗息鼓,收回他的核聚变理论,不再用它来解释有关太阳能源方面的问题。但物理学家们已经意识到,宇宙是无法用经典物理学解释的,它是按照量子物理学的规则行事的。让爱因斯坦夺得诺贝尔奖的发现就是:光可以表现出人称光子的粒子的性质。在其他实验中,光有时也可以表现出波的特征。人们称这种分裂的属性为波粒二象性(wave-particle duality)。1924年,法国物理学家路易·德布罗意(Louis de Broglie)在灵光闪动间提出:"我的核心想法是,把爱因斯坦的波与粒子共存的发现推广应用到所有的粒子身上去。"只过了3年时间,证明他的想法的证据就出现了。1927年,美国物理学家克林顿·戴维森(Clinton Davisson)和莱斯特·革末(Lester Germer)以及英国物理学家乔治·汤姆孙(George Thomson)就发现了电子有时确实具有波的性质的实验证据。

　　20世纪20年代,人们在量子理论方面频频有所突破,最终证明爱丁顿是正确的。1926年,奥地利物理学家埃尔温·薛定谔(Erwin Schrödinger)发表了现在人称薛定谔方程的细节。量子物理学告诉我们,你永远无法准确地知道像光子这样的粒子的位置。它出现的位置有一个可能范围,而你能够做到的最多不过是,说出它在给定时间内最有可能出现的位置。运用薛定谔方程你能够计算出这些概率。为了看看这个方程会如何帮助我们理解核聚变,我们不再把质子视为粒子,而是把它视为波。波的轨迹形状像一座钟,代表着质子可能出现的所有位置。你将发现,质子永远都在波的限定位置之内。它最可能出

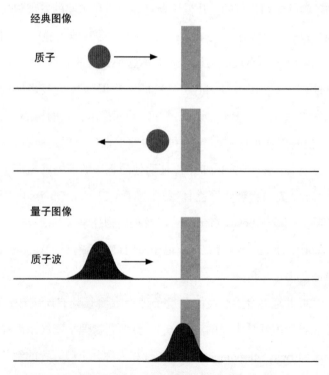

经典图像

质子

量子图像

质子波

通过将质子视为波而不是粒子,量子隧穿效应(quantum tunnelling)解释了核聚变为什么能够在太阳中发生。

现的位置是波的最高点，最不可能出现的位置是波的最低点。现在让我们想象一个质子波正在接近过去无法克服的势垒。当波的波峰到达势垒时，波停止移动了，这意味着波最前面的边缘已经穿透了势垒。质子真正到达这一位置的概率极低，但如果真正穿透了势垒，它便可以自由选择与另一边的任何一个质子聚合。物理学家们称这一现象为量子隧穿，就好像质子穿透了过去不可逾越的势垒一样。我们很难恰如其分地说明要做到这一点的可能性有多么小。在 1×10^{28} 对接近了势垒的质子中，只有一对会成功聚合。在太阳内部，单个质子每秒钟内将与数以十亿计的其他质子碰撞，但平均而言，它至少需要 10 亿年才能成功地与接近它的另一个质子聚合。与太阳内的一个质子和另一个质子发生碰撞聚合的概率相比，你连赢三次六合彩的概率会更大。幸亏太阳中的质子相当多。尽管成功的机会看上去极为渺茫，但每一秒钟之内，太阳内部仍有 4×10^{37} 个质子成功聚合。这些只是太阳的所有质子的 4×10^{-19}。因此，太阳才有足够的燃料，不但可以在最近的 46 亿年中一直燃烧，而且还可以继续燃烧上亿年。每一秒钟都有 6.2 亿吨氢聚合为 6.16 亿吨氦，根据爱因斯坦质能公式 $E=mc^2$，其中缺失的 400 万吨质量变成了能量。爱丁顿是对的。他虽然得到了 6 次提名，却从来没有获得过诺贝尔奖。

• 一步接一步

"太阳上的两个质子会立即聚合形成氦"的想法是错误的。两个质子会结合在一起形成一个氢-2的原子核，但它极不稳定，其中的两个质子很快就相互脱离了。给太阳供能实际上需要经过一系列复杂得多的反应，人们将其称为质子-质子链反应（proton-proton chain, p-p chain）。它的发现主要是两个人的贡献——乔治·伽莫夫（George Gamow）和汉斯·贝特（Hans Bethe），他们都是第二次世界大战之前的难民。伽莫夫于1904年生于敖德萨（Odessa）。1928年，他是将量子隧穿效应的新想法应用于太阳内部运动机理的第一人。第二年他访问剑桥大学，与欧内斯特·卢瑟福一起工作。这也让他在短时间内成了爱丁顿的同事。在约瑟夫·斯大林（Josef Stalin）的铁腕统治下，20世纪30年代的苏联变成了一个越来越令人难以忍受的地方。这位物理学家越来越渴望永远逃离这个国家，但他申请旅游护照的要求一再被拒。他和妻子两次试图乘坐皮划艇逃跑，第一次的目标是距离国界250千米左右的土耳其，第二次又企图前往挪威。这两次他们都因为天气不好而未能成功。最后，为参加在比利时举行的一次科学研讨会，伽莫夫和妻子终于一起弄到了护照。他们再也没有回去，并于1934年移民美国。贝特1年后也来到了美国。他比伽莫夫小2岁，在德国长大，也曾于1930年前往剑桥大学，师从卢瑟福和爱丁顿。他的一位同学曾经形容他"高大健硕,说话很慢,声音深沉响亮"。纳粹当政之后,他的犹太人血统让他丢了工作,但他没过多久也移民大西洋彼岸,在纽约的康奈尔大学(Cornell University in New York)任教。

他们两人都出席了1938年3月伽莫夫协助组织的华盛顿理论物理会议(Washington Conference of Theoretical Physics)。1年前,在他的同事卡尔·弗里德里希·冯·魏茨泽克(Carl Friedrich von Weizsäcker)的帮助下,伽莫夫终于弄清了质子-质子链反应的第一步,并在会议上报告了他们的发现。他们一起认识到,如果能够让两个质子中的一个立即变成中子(neutron)[即在大多数原子的原子核中存在的电中性粒子,是由詹姆斯·查德威克(James Chadwick)于1932年在剑桥大学发现的],它们就可以不分开。一个中子与一个质子结合形成氘核(deuteron)。伽莫夫和魏茨泽克认为,氘核形成的同时也会发射一个叫作中微子(neutrino)的微型粒子加上一个正电子(positron)。这就有了一种检验这一理论的重要方法。如果太阳不生成中微子,则质子-质子链反应就不是为它供能的来源。中微子在我们的故事中的地位非常重要,我们将在不久之后再次讨论它。然而,单是伽莫夫提出的氘核反应本身还不足以解释太阳的能量来源,贝特受到了在会议中听到的东西的启发,承担了解答这个谜团其余部分的重任。他在返回纽约的路上想清楚了后面的步骤。在1周之内，他也进行了计算，弄清了如果真的是质子-质子链反应在为太阳供能，那么太阳应该产生多少能量。他得到的有关太阳亮度的答案与其他人测得的一样。贝特提出的质子-质子链反应有一系列生成氦的方式，85页的图中显示的是太阳中最常出现的一种方式。首先，氘核与另一个质子结合生成氦-3的原子核（两个质子和一个中子）。然后，两个氦-3的原子核聚合，形成一个氦-4的原子核（两个质子，两个中子）。关键的是，这一过程释放了两个自由质子，它们会进入太阳，继续参与进一步的聚合反应。1939年，贝特发表了自己有关质子-质子链反应的叙述内容，当时世界正处于另一次大战爆发的前夜。

没过多久，贝特担任了研发原子武器的政府秘密实验室——洛斯阿拉莫斯（Los Alamos）的理论部主任。他帮助设计了1945年8月轰炸长崎（Nagasaki）的那颗原子弹，此举加速了第二次世界大战的结束。正如爱丁顿25年前预言的那样，人类正在利用封禁在物质中的能量自相残杀。贝特成了使用核武器坚定的反对者，余生都在为禁止核武器而积极地奔走呼号。1967年，贝特因"在核反应理论方面做出的贡献，特别是有关恒星能量产生方面的发现"获得诺贝尔物理学奖。

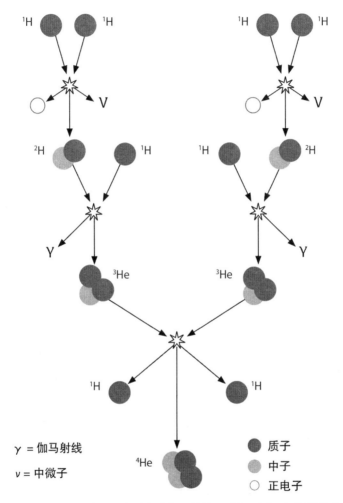

γ = 伽马射线
ν = 中微子

⚫ 质子
⚫ 中子
○ 正电子

上图说明了质子–质子链反应。通过一系列反应,氢被转化为氦,其中的副产品包括中微子和 γ 射线。

• 微型电中性粒子

第二次世界大战之后，太阳物理学家们开始将20世纪头50年的许多发现结合起来。尽管贝特和伽莫夫在他们有关质子–质子链反应的叙述中提到了中微子，但它仍然是一种假想中的粒子，直到1953年才得到实验证实。这一发现能够证实或者证伪质子–质子链反应的存在，为研究太阳内部的工作原理开辟了新的道路。这种粒子原来的名字取自意大利语（意思是"中性的小东西"），它是不带电荷而又微小的粒子，而且惊人地"不合群"，能够直截了当地穿过普通物质，根本不肯停下来与这些物质中的任何原子交往。中微子与物质之间发生反应极为罕见，即使我们用9.5×10^{12}千米厚的铅阻挡它们，最终也只有50%的概率能够成功。如果贝特和伽莫夫提出的质子–质子链反应是正确的，那么太阳中会产生大量中微子。如果你向空中翘起你的大拇指，每秒钟就会有6.5×10^{10}个来自太阳的中微子穿过大拇指的指甲，地球上的每个人几乎可以分到10个。在你的一生中，穿过你的身体的中微子总数将达到整个可观测宇宙中的恒星总数（大约1×10^{24}）。

探测任何一个中微子的机会都少得不可思议，但在人们的预计中，如此之多的中微子一刻不停地倾泻在地球上，我们总有希望找到几个。做到这一点将是证实有关太阳中心的核聚变反应理论的绝佳方式。20世纪60年代，美国理论天文学家约翰·巴赫恰勒（John Bahcall）开发了标准太阳模型（standard solar model），即一个将已知所有有关太阳的理论结合在一起的工作原理。他是预测应该会有多少个中微子到达地球，以及可以检测到多少个的第一人。在20世纪60年代中期，巴赫恰勒曾与雷蒙德·戴维斯（Raymond Davis）合作，设计了一套捕捉中微子的实验装置。他们选择在南达科他（South Dakota）的霍姆斯特克（Homestake）金矿地下将近1英里处建立实验室。这里距离地面如此之远，只有不合群的中微子才有本领穿透这么厚的岩层，因此他们的实验能够不受来自空间的其他粒子的干扰。在他们设置的中微子陷阱里，充当"诱饵"的是盛放着39万升、重558吨的四氯乙烯（C_2Cl_4）的大槽。绝大多数中微子将直接穿过大槽，接着穿过地球，继续它们跨越太阳系的长途旅行。但根据巴赫恰勒的计算，每个月会有几个中微子与四氯乙烯中的氯原子发生反应，迫使它们转变为氩（argon）原子。每隔几个星期，戴维斯都会检查大槽，寻找氩原子的踪迹。就这样直到1968年，戴维斯和巴赫恰勒宣布第一次检测到了太阳中微子。只不过，他们检测到的中微子数量只有巴赫恰勒的标准太阳模型预言的1/3。这很快就被命名为太阳中微子问题（solar neutrino problem）。在霍姆斯特克实验室进行的实验一直持续到1994年，类似的中微子短缺的问题一直存在。1987到1995年，日本神冈的中微子探测器也独立地证实了这一偏差。人们在走廊里窃窃私语，说巴赫恰勒是个不会做算术的人。要么就是他真的不会做算术，要么就是太阳的"能量工厂"关闭了。

在霍姆斯特克和神冈的实验室检测到的中微子并非来自质子-质子链反应中最常见的反应（见78页的讨论）。在最常见的反应中产生的中微子携带的能量相当低，而早期的实验装置灵敏度低，不足以检测到它。它们检测到的中微子来自质子-质子链反应中的一条支链，这种支链反应的发生概率极低，但其中牵涉铍（beryllium）和硼（boron）这两种元素，产生的中微子的能量较高。氦-3能够与氦-4聚合生成铍-7。通常铍-7会迅速衰变为锂-7，但不时会有铍-7在衰变之前与质子聚合生成硼-8。硼-8也不稳定，会衰变成为铍-8，且这一过程会放出中微子。这一系列事件非常罕见，只对应太阳内部的质子-质子链反应的0.02%。然而这样产生的中微子的能量特别高，也就是说，它们是早期的原始检测器发现的粒子。或许，太阳中微子问题只影响了这些罕见的元素？捕获最常见的太阳中微子或许能够证明巴赫恰勒的观点仍然是基本正确的，但人们必须改变行动方向才能做到。

20世纪80年代，全世界的科学家都开始四处游说，希望人们投资制造一个使用镓（gallium）元素的中微子检测器。如果一个镓-71的原子被一个中微子击中，那么它将衰变成为锗

（germanium）-71。1989年12月，苏联-美国镓实验（Soviet-American Gallium Experiment, SAGE）开始在今于俄罗斯境内的高加索山脉（Caucasus Mountains）地下深处寻找太阳中微子。实验中使用的60升镓将全世界的供应一扫而空。人们又继续生产了2年，才生产出30升镓，用于在1991年开始的简称"镓实验"（GALLEX）的进一步观察，观察地点是意大利的大萨索山（Gran Sasso Mountain）。这样做是值得的。1992年，GALLEX团队宣布，他们首次观察到了太阳内部的质子-质子链反应生成的最丰富的中微子。最后，给予爱丁顿、伽莫夫和贝特于半个多世纪前提出的理论有力支持的证据终于出现了。巴赫恰勒还是不太走运。对于检测到的中微子数量的分析说明，太阳中微子问题仍然存在。1993年2月，巴赫恰勒与早已年过八旬的贝特合作提出了论证，认为只有新的物理学理论才能解释这个难题，因为标准太阳模型似乎就是合理的。人们可以从中微子实验的结果出发勉强证明标准太阳模型是正确的，但它立刻与其他实验得出的结果产生了矛盾。可是，巴赫恰勒坚持自己的观点。

• 带着答案的间谍

其实，缺失的拼图片段已经存在了几十年。人们称质子-质子链反应产生的中微子为电子中微子（electron neutrino），但科学家利昂·莱德曼（Leon Lederman）、梅尔文·施瓦茨（Melvin Schwartz）和杰克·施泰因贝格尔（Jack Steinberger）却在1962年发现了μ中微子（muon neutrinos）。而在20世纪70年代，人们认为还有第三类中微子——τ中微子（tau neutrino）。当时的科学家们相信，所有的中微子都是没有质量的，就像毫无重量的光量子一样。但到了1968年，意大利物理学家布鲁诺·蓬泰科尔沃（Bruno Pontecorvo）认为，情况可能并非如此。

20世纪30年代，蓬泰科尔沃最初与恩里科·费米（Enrico Fermi）一起在罗马工作（正是费米在1932年的一次会议上为中微子起了个意大利名字）。刚好在第二次世界大战爆发前，蓬泰科尔沃移居巴黎，并在那里加入了当地的共产党。但在纳粹军队于1940年6月抵达法国首都之前，他骑自行车逃到了图卢兹（Toulouse）。他最终跑到了美国，然后到了加拿大。1945年，他想到了一个主意，认为中微子或许可以通过氯做陷阱被捕获，这正是20世纪60年代的霍姆斯特克实验室的技术基础。战后他接受了英国原子能科学研究中心（British Atomic Energy Research Establishment）提供的一个职位，研究核技术。而美国联邦调查局（FBI）通过做背景调查，很快就发现了他与共产党之间的联系，并且通知了英国军情五处（MI5）和军情六处（MI6）。1950年9月2日，蓬泰科尔沃在秘密特务的帮助下，经芬兰偷偷逃到了苏联。他掌握了许多高度机密的核信息,并在苏联继续从事理论物理学工作,最后得到了"中微子可能根本不是无质量的粒子"这个观点。蓬泰科尔沃提出,在一种叫作中微子振荡(neutrino oscillation)的过程中,一类中微子可以变成另一类。

1987年,在银河系附近一个叫作大麦云(Large Magellanic Cloud, LMC)的矮星系(dwarf galaxy)中,天文学家们看到了一颗恒星的爆炸过程。这是一条重大线索,说明蓬泰科尔沃可能是对的。这是天文学史上的一次具有里程碑式意义的事件,地球上包括南极洲在内的各洲都有人观察到了这一事件。这次超新星(SN 1987A)爆炸爆发出的力量足以促使电子和质子压在一起得到中微子。在2月24日的最初几个小时内,神冈探测器在10秒钟之内检测到了两次明显来自LMC方向的中微子爆发。这是人们第一次检测到来自太阳以外的天体的中微子。对结果的分析表明,中微子的质量确实很小,大约是电子的1/30000,或者说,差不多是1千克的1×10^{-36}。更重要的是,对SN 1987A的研究结果表明,可能的中微子类型的总数不超过8种。尽管人们取得了这些成果,但也并不能说明这些不同的中微子确实可以互相转变。

· 寻找证据

在蓬泰科尔沃于1993年去世之后不久，神冈探测器改良版的建造工程结束了，它将最终检验他的中微子振荡理论。直到人们再次等待了3年后，超级神冈探测器才开始搜寻中微子。

日本的池野山（Mount Ikeno）山下1千米的深处有一个40米高的钢罐，里面盛放了5万吨水。一个撞击了水中某个原子的中微子会时不时激起一道闪光，而这道闪光会被放置在钢罐周围的1.1万多个检测器中的一些捕捉到。根据哪些检测器被触发，物理学家们可以断定中微子来自何方。1998年，他们分析了来自地球大气而不是来自太阳的中微子，取得了一次具有历史意义的发现。来自太空，经常撞击我们的地球的高能粒子束叫作宇宙线（cosmic ray）。它们能在撞击地球的过程中产生电子和μ介子。在全世界各地，这种事情每时每刻都在人们头顶上空发生。超级神冈探测器检测到了直接从天而降的中微子，以及从地球的另一面大气层上空穿过地球到来的中微子。关键的是，人们发现，穿过地球到来的μ中微子数量只有直接从大气层到来的μ中微子的一半。在走过了更长的路径到达检测器之前，它们有更长的时间能够在路上通过振荡变成其他类型的中微子。τ中微子的存在已经在2000年得到了证实，这使物理学家们称之为"味荷"的三种可能的中微子类型更加完善。第二年，加拿大克赖顿矿井（Creighton Mine in Canada）

下2100千米处的萨德伯里中微子天文台（Sudbury Neutrino Observatory, SNO）开始工作。它的目标是：看看是否能够观察到直接来自太阳的中微子的味荷振荡（flavour oscillation）。

　　2001年6月18日，主持SNO工作的科学家们召开了一次记者招待会，宣布太阳中微子问题最终得到了解决。他们发现，来到地球的太阳中微子的总数与标准太阳模型预测的确实是一致的。由质子-质子链反应产生的电子中微子中有2/3在前往地球的途中经历了振荡，变成了μ中微子和τ中微子。之所以出现了太阳中微子问题，只不过是因为早期的霍姆斯特克检测器和神冈检测器无法检测到这些"丢失了的"中微子。巴赫恰勒坚持自己的观点是正确的。在如此之长的时间内，他受到了这么多人的质疑，因此在听到这一消息时，他得到了巨大的解脱。"我高兴极了，真想跳舞。"他在新闻发表后这样告诉来自《纽约时报》（The New York Times）的记者。他的长期合作者雷蒙德·戴维斯于2002年因为在中微子研究方面做出的贡献获得了诺贝尔物理学奖，时年88岁。梶田隆章（Takaaki Kajita）和阿瑟·B.麦克唐纳（Atrhur B. McDonald）分别是利用超级神冈探测器和萨德伯里中微子天文台做研究的先驱，他们于2015年赢得了同一奖项。因为患上了一种罕见的血液病，巴赫恰勒于2005年去世，时年70岁。因此，他并未获得诺贝尔奖。

在太阳中微子方面创造的传奇是人类智慧的实证。人类在一个世纪内遭受两次世界大战的蹂躏，而且还受到可以毁灭全人类的恐怖的核武器发展的威胁；但这一传奇提醒我们，如果利用集体的智慧，我们就可以成就伟业。在去世的前一年，巴赫恰勒回顾那份集合了全球科学家几十年努力的工作，这样说道："在地球深处的矿井中，一个由数以千计的物理学家、化学家、天文学家和工程师组成的国际团队证明，通过对装满洁净流体的游泳池中的放射性原子计数，我们可以知道有关太阳中心的重要事件。"这是一个令人印象深刻的开始，但完成整个拼图还需要更多努力，单是在地球上观察太阳还远远不够。现在已经到了将专业的太阳天文台送入太空的时候了。

5

日光的史诗之旅

不避艰险，奔赴天阳。

——英国皇家空军座右铭

现在是1995年12月，比尔·克林顿（Bill Clinton）入主白宫的第三年已经接近尾声，《玩具总动员》（*Toy Story*）已经占据美国票房榜首两周，而超级神冈中微子检测器的修建工程也即将结束。现在还没有多少人知道这件事，但世界正处于一场科技革命爆发的前夜。这一年的早些时候，亚马逊（Amazon.com）刚刚迎来了第一批访问者；比尔·盖茨（Bill Gates）领导的微软将Windows 95操作系统投放市场；拉里·佩奇（Larry Page）和谢尔盖·布林（Sergey Brin）开始开发搜索引擎，它最终发展成了谷歌（Google）。因为一发从佛罗里达州卡纳维拉尔角（Cape Canaveral in Florida）的发射台发射的火箭，我们对太阳的理解也同样即将经历天翻地覆的转变。在苍茫夜幕的笼罩下，点燃发动机，阿特拉斯（Atlas）火箭一飞冲天，火光照亮了夜空。搭乘这艘火箭的是太阳和日球层探测器（Solar and Heliospheric Observatory），即"索贺"（SOHO）。这是由 ESA 和 NASA 合作研制的。在几分钟之内，它便进入了太空，但旅程才刚刚开始。它很快就穿越了月球轨道，所走的距离比任何人类走过的都要远。情人节这一天，[1] 它来到了自己的目的地——太空中的一个特殊地点，人称 L1。这里距离地球 150 万千米，其路程是地月距离的 4 倍。它是能够通过太阳和地球的联合引力将一个天体锁定于地日连线上的一个点，是在前排密切观察这颗距离我们最近的恒星的完美停泊地点。在地球上，太阳望远镜有半数时间（夜间）都在休假。把一台望远镜放置在太空中合适的位置上，人们就可以一天 24 小时不间断地观察太阳。

SOHO 项目有一个梦幻开局。发射如此顺利，望远镜提前抵达 L1，到了 1996 年 3 月，它已经做好了开始观察太阳的准备。它很快就送回了令人瞠目结舌的照片。这些照片让我们知道，太阳的确是一位杰出的表演者。伯恩哈德·弗莱克（Bernhard Fleck）是负责这个项目的科学家之一，按照他的话来说，它"改变了太阳在人们心中的形象，即太阳从一个在天空中静止不动的天体变成了一头活力四射的'野兽'"。人们通过 SOHO 的"眼睛"看到的太阳，是一片翻腾着炽热物质的沸

1　每年的 2 月 14 日。

腾的海洋。在我们这颗恒星上下跃动着的波，像巨浪（有一个国家的领土面积那么大）在涌动，撞击着太阳表面。它看上去简直就像活的一样。早期SOHO用紫外光拍摄的照片显示，绳索状的烟云从太阳的两极跃向太空。人们可以看到，一股粒子流从太阳向外狂涌，在来自其他恒星并进入太阳系的狂风中撕开了一个大洞。令人震惊的照片还在不断传来。1996年7月9日，SOHO见证了一次动人心魄的太阳耀斑（solar flare）爆发——太阳表面突然变亮了。这一爆发释放的能量相当于覆盖整个地球陆地上1米厚的炸药同时起爆的威力。耀斑的爆发产生的冲击波在12万千米（大约是地球直径的10倍）宽阔的太阳表面上反复振荡。

• 价值10亿美元的失误

到了1998年夏季，在2年多的时间里，SOHO记录了一个接一个令人吃惊的发现。负责这一项目的科学家感到非常欣慰也是理所当然的。灾难随之降临了。1998年6月25日，SOHO进入安全模式，科学家出于谨慎关闭了操控它的计算机，同时急忙开展了一系列恢复行动来让这台航天器回归正常模式。但是，控制室中发生了一次人为失误，这次失误很快就把SOHO的梦幻开局变成了一场让人惊醒的噩梦。在试图解决问题的慌乱中，有人向SOHO发出了一项错误的计算机指令，这导致航天器迅速地丧失了能量，同时也无法调整自己的温度与位置。随着推进器无法受控地点火发射，SOHO进入了沉睡。这个耗资10亿美元的航天器只留下了一片沉寂。

航天器远在地球以外150万千米的地方，像哈勃空间望远镜出问题时那样派出宇航员前往修理是不可能的。若远程遥控拯救它，那么失败和成功的比值是100：1。科学家们急急忙忙地想要唤醒SOHO，但最终未能成功。航天器的自转角度不对，使得它的太阳能电池板没有对准太阳。电池电量用光了。旋转中的航天器的温度上下剧烈地波动，从一个极端温度150摄氏度跳跃到另一个极端温度零下100摄氏度。它的肼类燃料有许多很快就被冻成了固体。问题越积越多，孤注一掷的控制者们每天工作18个小时，挖空心思地寻找解决办法。在3周的时间里，他们每天花费12个小时向SOHO发出雨点般的指令，但全都石沉大海。问题的一部分在于，人们无法准确地知道SOHO的方位——人们在慌乱中让推进器胡乱发射了好多次，或许已经把它从泊位上推开了。然后一个扣人心弦的揭示真相的时刻来临了。位于波多黎各（Puerto Rico）的直径约305米的庞大的阿雷西博射电望远镜（Arecibo radio telescope），能够通过雷达检测到月球上高尔夫球大小的物体。在4倍的距离之外，它能够找到长约9.5米的SOHO航天器吧？工作人员火速订好了飞往加勒比海（Caribbean）的航班机票。

在SOHO关闭4个星期之后，即7月23日，人们终于用阿雷西博射电望远镜的大圆盘确定了它的位置。幸运的是，它每分钟大约只自转一次，如果转得再快一点，就真的有被损坏到无法修理的危险。在以后的10天里，科学家们反复尝试唤醒SOHO。最后，8月3日，他们的努力得到了回报，航天器在收到从澳大利亚（Australia）的堪培拉（Canberra）发送给它的一个信号之后苏醒了。科学家们个个喜出望外，他们中的许多人为这个项目投入的工作时间远超过10年，实在不想看到这个项目因为一个人为错误而提前谢幕。人们又用了3个星期的时间操纵它，把望远镜移到了一个足够温暖的地方，以熔化它储存的肼类燃料。到了9月中旬，他们可以操控SOHO再次向太阳驶去；而到了10月底，SOHO里差不多所有的灵敏仪器都恢复工作了。这次复活抢险的成功率看上去如此低，以至于人们将其难度与只用一根钓鱼竿把沉在海底的潜水艇钓出水面的难度相比。人类的弱点差点儿让这次任务功败垂成，而人类的想象力、足智多谋和坚定的决心最终"挽狂澜于既倒"。

但这次SOHO被迫进入冬眠并非没有付出代价。SOHO的2台陀螺仪（gyroscope）因为天气极度寒冷而毁坏了。人们需要3台陀螺仪才能测量航天器的三维位置。于是人们只好用叫作反作用轮（reaction wheel）的装置来调整SOHO的位置。SOHO现在只能靠1个尚能工作的陀螺仪飞行。圣诞节前3天，连这台陀螺仪也无法工作了。团队面临着一个严峻的选择：想办法修理，或者燃烧海量的肼类燃料让SOHO始终朝向太阳。如果找不到解决办法，航天器的燃料就会在6个多月后告罄，一切让SOHO再次工作的努力都将是徒劳的。

· 终于找到了办法

人们又花了2个月才设计出了另一个很有创意和想象力的软件补丁。这一次，航天器工程师们改变了反作用轮的用途，让它们同时担负测量和改变望远镜方向的工作。SOHO于1999年2月重新投入使用，成了第一台不需要陀螺仪就能在三条轴上保持稳定的航天器。这样做还有一个额外的好处，它的一台仪器——极紫外成像望远镜（Extreme ultraviolet Imaging Telescope, EIT）——由于这种不寻常的方法而工作得更好了。当它暴露在极高的温度下时，残存的所有水汽都被蒸发掉了，这明显地提高了分辨率。这场苦难终于结束了，望远镜又可以继续无拘无束地探索太阳了，从此之后它一直在做这项工作。令人吃惊的是，SOHO直至今天还在工作，它的12台仪器中有8台还可以操作。这项工作很可能至少持续到2022年，这意味着，我们差一点就丧失了利用它再观察太阳25年的机会。代表着3500多名科学家的工作的5600多篇科学论文是根据SOHO的数据写成并发表的。在那次危机之后，我们完全可以说，它的工作使我们对太阳的认识发生了翻天覆地的变化。在20世纪90年代末，来自"复活"的SOHO的新观察结果与来自日本的中微子实验的证据结合，向我们证实了巴赫恰勒提出的标准太阳模型的正确性。然后，正如我们所看到的：2001年，太阳中微子的振荡方面的观点也终于得到了萨德伯里中微子天文台的证实。随着标准太阳模型的确立，我们现在有两套独立但互补的方式可以证明，太阳内部正在发生些什么。

• 造波

就像我们无法看到地球的内部一样，天文学家们无法透过太阳活动频繁的表面看到其内部。然而，地球表层的障碍无法阻止地震学家的研究，他们能够通过追踪地震波越过地球表面的阻碍以研究地球内部结构。人们用同样的方法研究太阳的科学叫作日震学（helioseismology）。这门新兴的科学是以一批研究日震现象的项目为基础的，其中包括全球（太阳）振荡监测网（Global Oscillation Network Group, GONG）——由散布在五大洲的6座太阳观测台组成，以确保太阳总会在它们中的几个面前露出尊容。SOHO是第一台担任类似观察任务的太空望远镜。

不必通过地球的大气层来观察太阳，这一点大大提高了我们检测这些微小变化的能力。这些变化是由在太阳内部四处运动的热物质造成的，它们可以造成巨大的太阳波动，叫作压力波（pressure wave），或者简称"p-波"（p-wave）。它们是声波。当你拨动一根吉他弦时，它会使附近空气中的氮气分子和氧气分子振动，这些分子又会使它们附近的其他分子依次振动，以此类推。音符就像一列波，在整个房间里回荡，另一个人的耳朵将会对其进行解码。太阳内部的压力发生变化会产生类似的波。只不过，p-波的强度通常要比那些能够在地球上发出20分贝声音（如树叶飒飒作响）的波强2×10^{13}倍。这让日震学成了一个极好的太阳温度计。与在比较冷的地方拨弦弹奏出的声音相比，在一个暖和的房间里拨动吉他弦弹奏同样的音符，其声音会有所不同——因为温度影响了弦的振动方式。同样，声波在温度比较高的太阳区域里传播得快一些。波在太阳内部共振的方式也告诉了我们一些有关太阳的内部结构的情况，就像从海床上反射的声呐波可以帮助我们绘制地球的洋底地图一样。它们也能让太阳变成"透明"的。SOHO早期的胜利之一就是在太阳的另一面发现了一颗太阳黑子，而那里通常是人们视线受到遮挡的地方。SOHO之所以能够做到这一点，是因为来自黑子区域的声波与来自周围区域的声波通过太阳的速度不一样。

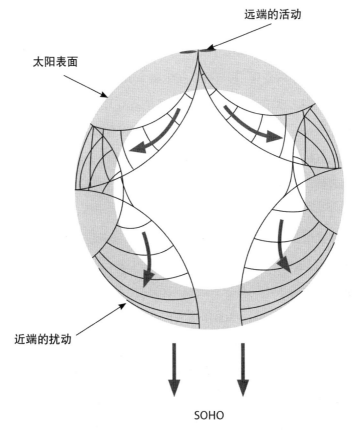

太阳远端的活动产生的声波（$p-$波）反射到我们这一侧可以被航天器检测到。

　　当这些压力波来到太阳的可见表面时，对它们加以检测是一件艰苦而且要求准确度极高的工作。p-波本身是看不见的，但当它们在太阳表面起伏的时候，会让一些气泡上下波动，就像海里的浮标。这些振荡的传播速度可以低到每秒钟1毫米，确实是慢如蜗牛。但由于有了SOHO这类望远镜，人们可以测量这些微小的变化，甚至可以在距离太阳1.48亿千米外的地方进行测量。SOHO的组成仪器之一是迈克耳孙多普勒成像仪（Michelson Doppler Imager, MDI），它可以仔细检查来自太阳表面100万个不同地点的光中的夫琅禾费谱线。当一个气泡远离我们而去的时候，它的谱线看上去会从它们的正常位置向光谱红色的一端略有偏移。至于朝我们而来的天体，它们的谱线会向光谱蓝色的一端偏移。然而，因为p-波引起的速度变化极小，所以谱线位移的距离小到了大概是1毫米的2×10^{-24}。[1]能够检测到这种事物简直令人震惊，这说明，在夫琅禾费发现了这些珍贵的谱线之后，300年来我们已经取得了多么大的进步。SOHO望远镜也拥有另一台可以检测这些声波的仪器：太阳辐照度和重力振荡变异性检测仪（Variability of Solar Irradiance and Gravity Oscillations, VIRGO）——用以检测气体膨胀与沉降时太阳表面亮度的微小变化的仪器。

1　Quadrillion在英文和德文中的含义是10^{24}，而在美文和法文中的含义是10^{15}，此处取英、德含义。

根据这些来自SOHO望远镜的关于日震的观察数据，我们现在知道，太阳正在演奏一出寂静的交响乐，伴随着数以百万计如同钟声般的声波振动。这些波的频率实在太低，人类的耳朵听不到，而声音也无法在太空的真空环境中传播。尽管如此，这并没有剥夺物理学家亚历山大·科索维切夫（Alexander Kosovichev）聆听太阳声音的能力。他从SOHO望远镜的MDI仪器上选取了40天的数据，并把振动频率提高了4.2万倍，以将其调整到人类耳朵能听得到的范围。其结果是获取了丰富、低沉、令人悸动的"哼唱"声。这当然是来自异世界的声音。或许，地球上与它最为类似的声音是，一个人在牛奶瓶口上方吹气但瓶内又有些堵塞不通时发出的声音。聆听这样一曲天体协奏曲，能让我们感受到浩瀚的太阳物质长河在太阳表面蜿蜒流动，而当它们运动时会向外发出哗啦啦、噗噗噗的声响。它们与在高速公路上行驶的汽车的速度一般无二，人们将其称为经向气流（meridional flow）。这些变化的激流造成了太阳强磁场的变化，本书剩余的大多数篇幅将用于探讨这些磁场。

· 引力波

然而，有关p-波的内容只不过到了故事的一半。几十年来，天文学家们怀疑太阳引力波（g-波）是否存在。请不要把这种波与黑洞碰撞时产生的引力波混淆。g-波是在太阳的内半球深处产生的，是当物质下沉并在它下面密度更大的区域上反弹回荡时出现的。SOHO望远镜的球体低频振荡检测仪（Global Oscillation at Low Frequency, GOLF）是设计用来检测它的实验装置。麻烦的是，g-波不太能从内部一直传播到太阳表面，即使做得到，它们的强度也会被严重削弱。它们通常只有几米高。更糟糕的是，单一的g-波需要2~7个小时才振荡一次。在周围同时还在发生其他活动的背景下，梳理出有关这些超低频振荡的信息是一场真正的苦斗。近年来，天文学家们转向p-波寻求突破。它们可以在几个小时内穿过太阳，在旅途中通常会穿过太阳的核心。它们会在途中遇见g-波，接下来的路径会因为g-波的出现而略有改变。

2017年，天文学家们宣布，通过对16年间的SOHO望远镜p-波数据的仔细分析，他们发现了g-波。如果人们未曾抢修SOHO望远镜，要得到这样的成果是不可能的。g-波改变p-波的方式，披露了一些让人们始料未及的事情，如太阳核心的自转速度是其外层的4倍。太阳核心的自转周期是1个星期，而其他部分的则接近于1个月。十分可能的是，太阳核心的高速自转速度其实就是太阳从它的母星云收缩后的原始角速度。随着时间的推移，一股叫作太阳风（solar wind）的粒子流从太阳上发射了出去，减慢了核心以上各层的自转速度。核心的自转速度或许也有所减慢，但幅度不及核心上方各层的。这或许也有助于解释困扰星云假说几十年之久的角动量问题。通过把来自SOHO望远镜这类航天器的 p-波和 g-波相关数据与来自地球的中微子观察结果结合，天文学家们第一次"剥开"太阳的外层，揭示了其内部的工作原理。正是由于这些实验，我们现在能够深入太阳核心，追随着核聚变生成的能量，沿着它史诗般的征途一直来到太阳表面。

• 不可思议的核

为了解释太阳的核有多么大，用完一切形容词的最高级是很容易的。它大约占据了太阳内部的1/4，也就是说，它的直径约是32.5万千米，只比地月距离稍小一点。你可以把水星、金星、地球、火星、木星和土星并排放在核里面，地方还很宽裕。核的质量是太阳的1/3，但体积却不到它的1%，99%的太阳核聚变发生在这里。尽管太阳外层有75%的氢和23%的氦，但由于46亿年来的核聚变，现在太阳核里的氢的含量只占1/3。

多亏地球上的中微子检测仪，天文学家们可以准确地测量核的温度。还记得20世纪60年代雷蒙德·戴维斯在霍姆斯特克矿井的实验室里第一次检测到的高能中微子吗？它们是由质子 - 质子链反应的一个非常罕见的支链形成的，其中牵涉硼-8向铍-8的衰变。这一过程发生的速率受温度影响较大，只要温度改变1%，发射出的中微子数量就会有30%的变化。天文学家们可以极为准确地确认到达地球的硼-8中微子的数目。太阳的核正在以惊人的1570万摄氏度燃烧着，那里的温度如此之高，以至于原子核周围的所有电子都被高温剥离。那里的等离子体处于极大的压力之下，其所受压力是我们的地球表面大气压的1000亿倍。被电离的核物质堆积得极为紧凑，其密度是水的150倍、黄金的8倍。一茶匙核物质的重量相当于一个初生婴儿的重量。堆满奥林匹克标准游泳池的那么多的核物质的重量，是满载乘客和货物的下水时的泰坦尼克号重量的7倍。

这些都是让人非常震撼的数字，但一个不那么令人惊讶的数字是有关核的局域功率输出的。如我们在第四章中所见，单个原子发生核聚变的概率极低。太阳核中每立方米体积只能产生276.5瓦的能量。在做中等强度的运动时，你的身体产生的能量与此大致相当；而当你全力奔跑时，你的能量消耗率2倍于日核中与你等体积的部分发出的。但太阳的核实在大得惊人，体积可达2.2×10^{25}立方米，或者说是地球体积的1万倍。因此，日核的总能量产出是巨大的，这也让太阳不至于因为自己的引力而崩塌。这种微妙的平衡发生的任何改变，通常都会在20分钟内经过自动调整而消失。

• 一个光子的路径

太阳的能量开始是通过质子-质子链反应以 γ 射线（Gamma-ray）光子的形式产生的，γ 射线是能量最高的光。这些光子接着就开始了从日核到太阳的可见表面的 70 万千米的远征。然而，这些光子很快就会发现，它们的行进道路上障碍重重。周围的质子与电子如此稠密，每立方厘米的体积中都挤了大约 $1×10^{26}$ 个粒子。做这样的从重重险阻中突围而出的工作谁都不会羡慕。在每次撞到别的什么东西偏离道路进入随机方向之前，一个光子的自由路程平均不超过 1 毫米。向日核后退与向外挺进同样艰难，它可能向前进一步之后向后退两步。它就好像一个醉汉在酒馆打烊后跟跟跄跄地找路回家。他会沿着随机的路线行进，蹒跚地在各条路上乱走，撞上人、路灯柱子或建筑物。即使他最后回到了家，也是凭运气而不是自己的判断。光子被电子反弹的这个过程叫作汤姆孙散射（Thomson scattering），以电子的发现者 J.J.汤姆孙的名字命名。位于太阳内部的光子每秒钟都要经历数以万亿次的汤姆孙散射，这种散射发生在核本身以及核外的一个叫作辐射区（radiation zone）的区域内。辐射区里的温度太低，无法发生核聚变。在辐射区中，越是接近表面，温度就越低，那里的密度也越低。相互作用的频率下降了，光子向外行进的过程顺利了一些。当光子走完了距离可见表面全部路程的 70% 时，意味着它在辐射区的行程结束,开始进入对流层(convection zone)。

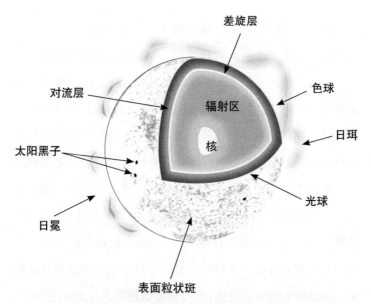

显示太阳内部各层和表面关键特征的剖面图。

到达这里时,一个光子已经完成了大约 $5×10^{23}$ 个步骤。它从核到这里的行程平均需要 17 万年。少数运气好的光子到达得早一些,但大多数光子用的时间要长得多。有的光子需要用100 万年才能穿过迷宫。与光子穿过太阳辐射区的时间相比,一束光可以在更短的时间内飞越由 2000 亿颗恒星组成的整个广袤的恒星都市。与千辛万苦的光子相比,不合群的中微子只需要 2 秒钟的时间就可以穿越辐射区。

· 形成磁场

我们的光子终于来到了差旋层——太阳的一层薄带。它能看到整齐的辐射区转变为它上面的杂乱的对流层。差旋层只占太阳直径的4%，但却是太阳内重要的区域之一。太阳的两个区域正是在这里相遇的，物质的转速也在这里发生了剧变。日核与辐射区像一个大块物体一样自转，但太阳表面在赤道的自转速度要比两极的快20%。这种转速与纬度的相关性是天文学家理查德·卡林顿（Richard Carrington）于1863年首先发现的。天文学家们将其称为较差自转（differential rotation）。幸亏有SOHO望远镜在日震学方面的工作，我们才知道，这种较差自转存在于向下延伸到差不多整个太阳的1/3处，穿过了对流层，来到了差旋层。这种情况也并非太阳独有。2018年9月，一个以奥斯曼·贝努马尔（Othman Benomar）为首的团队发现，13颗类太阳恒星（sun-like star）的外层也存在较差自转。当把日震学技术应用于其他恒星上时，人们将此方面的研究称为星震学（asteroseismology）。人们发现，在有些恒星上，赤道的自转速度是两极的2倍。较差自转对局域磁场有重大影响。我们可以把差旋层的磁场想象为一系列弹性带。辐射区和对流层之间的不同速度导致这些弹性带被拉扯，其中的一些被拉到另一些的前面。拉扯一条弹性带会增加储藏在其中的能量；对一条磁感线做同样的事情会增加它的场强。就是因为这一点，天文学家们怀疑差旋层是太阳的"发电机"，即太阳的强大磁场的来源。

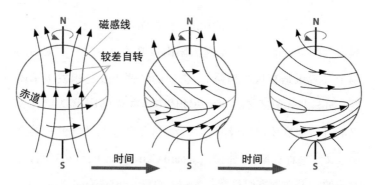

太阳在赤道的自转速度比在两极的快20%，所以磁感线受到拉扯后逐渐拉长、扭曲。

　　这并不是一个一目了然的案例。2016年，天文学家们研究了红矮星（red dwarf, 比太阳小的恒星），结果发现：由于它们没有辐射区，因此差旋层也就不存在了，但它们的表面仍有剧烈的磁场活动。红矮星的核被对流层包围着，因此，它们的磁场来源或许就在对流层。有些太阳物理学家非常振奋地提出，太阳的磁场起源于对流层中一个叫作近表面剪切层（Near Surface Shear Layer, NSSL）的区域。在地基的全球（太阳）振荡监测网的测量结果的支持下，SOHO望远镜从1995到1999年的数据说明，太阳的差旋层周围的区域的自转速度呈规律性变化。在差旋层上方的对流层的区域自转速度增加,而在其下的辐射区的类似的地带自转速度降低。然后情况发生了逆转,对流层的区域自转速度下降,而在辐射区的区域自转速度增加。这一过程的持续时间取决于纬度:在赤道约为16个月,向两极逐步递减,而到两极时为1年的2/3。开始时,这看上去是太阳的磁场起源于差旋层的有力证据;但到了21世纪头十年,这一效应神秘地消失了,因为其作用时间太短,很难驱动长期的磁活动。日震学领域测得的差旋层物质转速也比我们的标准太阳模型预言的要快。这就是所谓的差旋层失灵(tachocline glitch)。2018年,一个以丹麦奥胡斯大学(Arhus University in Denmark)的约恩·克里斯滕森-达尔斯高(Jørgen Christensen-Dalsgaard)为首的研究团队提出,差旋层并不是一个不可逾越的障碍,并且试图以此为理论基础弥合这一差异。他们认为,来自对流区的一些物质可以突破差旋层与辐射区中的等离子体混合。

• 通过对流携带

当太阳中的光子从差旋层来到对流层时,那里的温度已经从日核中心的将近1600万摄氏度下降到了只有几百万摄氏度。天文学家们能够估计这里的温度,是因为有所谓的太阳锂问题。对太阳表面各层的光谱进行分析后,其表明:太阳中的锂的含量水平还不到小行星陨石中的锂的1%。如果太阳和小行星诞生于同一个母星云,那么太阳中的锂都跑到哪里去了呢?铍也有类似的问题,其中一半都不翼而飞了。物质在整个对流层中上下浮沉,太阳的 p-波基本上就是由此产生的。就像人们对于差旋层失灵提出的解释一样,如果有些下降的物质冲过了头,最后突破了差旋层,那么它遭遇的温度便足以销毁任何锂或者铍。随着时间的推移,这种"差旋层混合"将逐步把它们从太阳的上层中移除。

需要较高的温度才能摧毁质量较大的元素。因此,要使这一效应仅针对锂和铍有效,转化区的温度应该约为250万摄氏度。这个温度对于太阳内部一些较重的元素(如碳、氮和氧等)来说还是很凉爽的,它们能够抓住路过的电子,把这些电子禁锢在自己的轨道能级之内。大部分光子不再被重定向,因为它们被吸收了。电子利用被吸收的光子的能量跃迁到较高的能级上。这便使热能积聚在对流层中,让该区变得如同一口盛满了开水的庞大的锅。在经历了穿越辐射区的艰险重重的旅途之后,来到对流层的光子释放的能量加热了它们上面较冷的气体,就好像加热大锅底部的水一样。热能让气体膨胀(它此时的密度变得低于周围物质的),使它像气泡一样向锅的顶部运动。气体在上升过程中变冷,最后又落下来再次被加热。物体的这种持续运动建立了一种对流，即它携带着能量，从对流区的底部向顶部运动，然后又再次返回，就像一个老式的链斗式电梯。"电梯舱"就好比对流圈——庞大的太阳物质，宽约1500千米，大约是法国国土直径的1.5倍。正是这些对流圈如同气泡一样上升到太阳表面，并在那里展现恒星独特的斑驳容颜——天文学家们将其称为粒状斑。无论任何时候，太阳的表面都覆盖着数以百万计的米粒（granule），每个米粒的存在时间都不超过20分钟，因为它们需要给来到表面的新物质让位。米粒连接到一起，形成了一个由超米粒（supergranule）组成的拼接物。每个超米粒会持续存在1~2天，并继续扩展，体积可达几个地球那么大。

这种通过对流层进行的大规模物质流动的强度似乎弱于标准太阳模型预言的，原因可能与以瑞典裔美国气象学家卡尔-古斯塔夫·罗斯比（Carl-Gustaf Rossby）的名字命名的罗斯比波（Rossby wave）的作用有关。任何存在着旋转流体的地方都有这种波，比如在行星的大气层或者海洋里，它们有助于形成地球上的气象规律和木星上的各种旋涡。在太阳中发现罗斯比波是一种挑战，因为那里发生的干扰的事件太多了。

· 寻找罗斯比波

40年间，天文学家们一直就太阳中是否存在罗斯比波展开辩论。但在2018年，经过对NASA发射的太阳动力学观测台（Solar Dynamics Observatory, SDO）的6年数据进行彻底搜寻，一个以比约恩·洛普迪恩（Björn Löptien）为首的研究团队在太阳中发现了罗斯比波。这一争论也因这一发现平息了。7个月后，另一个以梁志超（Zhi-Chao Liang）为首的研究团队整合了SOHO望远镜和SDO 21年的测量数据，也在太阳中发现了罗斯比波，进而证实了洛普迪恩团队的发现。光球上不断发生变化的米粒组织模式揭示，这些波足有半个太阳那么大，几个月才会重复一次。它们能够抢夺部分对流圈的能量，而且传播方向与太阳的自转方向相反。日震学测量进一步说明，它们在太阳表面以下2万千米的地方依然存在。然而，只有在太阳赤道附近才能找到它们的踪迹。因此，为了更好地理解它们对于能量沿着对流层向上传播的影响，人们还有许多工作要做。与辐射区的光子缓慢的"醉汉回家"方式相比，对流层的光子就像是在乘坐高速的过山车。通常，能量从对流层的底部传输到太阳的可视表面——光球，只需要3个月的时间。走到了这一步，光子已经丧失了它们很大一部分能量。它们是以 γ 射线的形式在日核内诞生的，但沿路发生的每一次碰撞都会抢走它们的一小部分能量。这些损失积累起来足以让它们中的许多光子变成光谱中的可见光部分。太阳物质的密度在这里非常稀薄，还不到日核的1/15000000，于是光子不再受到束缚，飞离了太阳，汹涌地向外冲出，照亮了太阳系。它们只需要8分20秒的时间就能抵达地球。4个小时之后，它们便可以到达太阳系最外围的行星，从海王星的身边扬长而去。

让我们稍微思考一下这一段史诗般的完整征途。日光是古老时代的遗迹，如果你在室外阅读这本书，能够把书上面的词句投射到你眼前的这一束光如同人类这个物种一样古老。[1]当人类遥远的先祖迁出非洲的时候，这束光的光子便在日核之内形成了。克娄巴特拉（Cleopatra）、尤利乌斯·恺撒（Julius Caesar）、成吉思汗（Genghis Khan）、穿刺王弗拉德（Vlad the Impaler）、亚历山大大帝（Alexander the Great）和伊丽莎白一世（Elizabeth I），这些名人都像走马灯一样在地球上出现又消失，而这些光子这时还在辐射区跌跌撞撞地遭受撞击。无论是在夫琅禾费发现以他名字命名的谱线时，或者在爱丁顿发表有关核聚变的演讲时，还是蓬泰科尔沃叛逃前往苏联时，它们都在那里。它们在科学家们从几乎不可避免的死亡命运中"拯救"SOHO望远镜的时候也未曾离开。仅仅在3个月前，这束光才进入了对流层；而就在8分钟前，它还是光球的一部分。这样算的话，它在太空中存在的时间仅仅比煮熟一个鸡蛋花费的

1　作者在这里把智人的出现作为人类这个物种开始的象征。

时间略长。而且，光线从你在夜空中能够看见的最遥远的恒星光球来到这里的时间，都要远远短于它从日核来到这里的时间，尽管这一颗恒星离我们足足有 154×10^{16} 千米之遥。一旦知道了日光是在经过了何等艰苦的斗争之后才来到人们身边的，你就很难以过往的方式看待太阳了。

但光子并不是唯一从太阳深处向上通过对流层的物质，在差旋层形成的强磁场也会向上冲腾来到太阳表面。当从光球汹涌而出的时候，它们在身后留下了大可说明问题的痕迹：太阳黑子。几个世纪以来，天文学家们都在沉思：这些黑点究竟是什么？

6

太阳黑子与太阳周期

有些人认为，研究太阳的工作已经差不多完成了；但实际上它才刚刚开始。

——乔治·埃勒里·海耳（George Ellery Hale）

随着嘎吱作响的缆绳的拖曳，你乘坐的开放式电梯车厢摇摇晃晃地出现在松树树冠上。在你脚下，云朵环绕着加利福尼亚的山顶。你来到了雄踞于威尔逊山（Mount Wilson）顶峰的有150英尺（1英尺≈0.305米）高的太阳塔的最高点。这座山傲视着洛杉矶东北方的群峰。塔下的山谷中间，帕萨迪纳（Pasadena）的市民们正忙于他们的日常事务。一箭之遥外，就是埃德温·哈勃曾经用来观察并得出"我们的宇宙正在膨胀"这一惊世结论的望远镜。它曾经是世界上首屈一指的太阳观测台，直到其他地方更大的天文台以及像SOHO望远镜这类航天器出现后，它才成为明日黄花。今天，它已经成为一件博物馆珍品。与看到专业天文学家用它辛勤工作的概率相比，你更有可能看到的是小学生来这里参观它。尽管长期缺少资金，但每到晴天，还是有一批热情的志愿者在这里观察太阳，继续传承开始于100多年前的太阳研究。当天文台的圆顶被打开时，镜子将日光束投射到塔内的一个观察台上，那里的太阳影像差不多有半米宽。把一张描图纸放在台上，就可以描出太阳的光球，它上面经常带有表示太阳黑子的麻点。这是自伽利略的时代起人们就观察到的现象（见9页）。正是在这座山顶上，天文学家们当时真正弄清这些黑点的形成原因，揭开了有关太阳最扑朔迷离的谜团。

威尔逊山天文台是极富远见的天文学家乔治·埃勒里·海耳的心血结晶。海耳于1868年生于芝加哥，在他3岁的时候，因气候干燥，再加上遭遇狂风天气，他家乡的木头房屋被点着了。人们用高层建筑代替了烧毁的木房，海耳的父亲凭借在建筑物中安装电梯挣了一大笔钱。与许多科学家一样，海耳对于实验的热情很早就产生了。14岁那年，海耳的父亲买了一台二手望远镜，并把它安装在他们家的屋顶上。在投射了太阳影像的屏上描画太阳黑子，是海耳很着迷的一件事。那个时候，正是我们对太阳上的这些印记开始产生兴趣的时候。而这一切都要感谢萨穆埃尔·海因里希·施瓦贝（Samuel Heinrich Schwabe），这位德国天文学家相信一个叫作祝融星（Vulcan）的行星的存在。水星的轨道有一些无法解释的不规则之处，对此他认为：有一颗隐藏着的行星在围绕着太阳旋转，它与太阳的距离比水星和太阳的距离更短。从1826到1843年，十七年如一日，施瓦贝锲而不舍，每到晴天都观察太阳，希望能够看到祝融星的暗影投射在太阳的表面上。虽然这颗行星并不存在，但他的努力并非徒劳无益。

• 太阳黑子周期

在研究过程中，施瓦贝一直在进行从未有人做过的有关太阳黑子的记录。他发现，每过10年左右，它们的数目就会增大至最大值，然后又再次减少。人们今天称这种涨落现象为施瓦贝周期（Schwabe cycle）。在太阳极大期（solar maximum），太阳表面上覆盖着数以百计的太阳黑子；但在太阳极小期（solar minimum，即周期中太阳最不活跃的时期），太阳黑子的数目很少，黑子之间的距离比较大。施瓦贝的工作刺激了欧洲各大天文台的科学家，他们也开始记录太阳黑子的数目。瑞士天文学家约翰·鲁道夫·沃尔夫（Johann Rudolf Wolf）于1849年发明了一种估算太阳黑子数目多寡的方法，今天我们在1个月之内看到的太阳黑子数目仍被称为沃尔夫数（Wolf number）。沃尔夫也回头查阅了过去有关太阳黑子的断断续续的历史记录，发现施瓦贝周期更接近于11年，而不是10年。人们把1755到

1766年的周期定义为"周期1"。今天我们处于周期25（2019到2030年）。19世纪60年代，古斯塔夫·斯波勒（Gustav Spörer）发现：在一个周期开始时，太阳黑子在远离太阳赤道的地方形成，但在接近周期高峰时，它们慢慢会在越来越接近赤道的地方冒出来。这就是所谓的斯波勒定律（Spörer's law）。把这种情况具像化，画出的图形看上去像一只蝴蝶，因此得名"蝴蝶图"（见124页图）。

海耳受到了这些新发现的吸引，在成年之前，对观察太阳黑子一直怀有热情。当还是大学本科生的时候，他便发明了太阳单色光照相仪（spectroheliograph），即一种通过一次只检测一种元素的光来研究太阳的仪器。今天，许多研究太阳的航天器都会携带一台太阳单色光照相仪。海耳特别善于说服富人为天文学事业捐款。1897年，29岁的他在威斯康星州（Wisconsin）的威廉斯贝（Williams Bay）创建了叶凯士天文台（Yerkes Observatory）。这座天文台由芝加哥大学（University of Chicago）管理，是用当地备受争议的商人——查尔斯·叶凯士（Charles Yerkes）的捐款建立的。叶凯士曾因讹诈公职人员服刑7个月，而他给海耳30万美金建立天文台就是想要重新树立良好的公众形象。但芝加哥不是海耳想要留下的地方。如果说他的父亲点燃了他对科学的兴趣，那他的母亲则使他痴迷于文学。在海耳的一生中，他藏书2.5万册，这令人印象深刻。他最喜欢儒勒·凡尔纳（Jules Verne）的作品，年轻时特别喜欢那些以加利福尼亚山区为背景的故事。

1903年，海耳第一次登上了威尔逊山的山顶，陪伴他的是两位天文学家。他被迷住了。一年之内，他将自己的两项爱好结合在一起，并在"黄金州"（美国加利福尼亚的别称）的群山之间建立了一座太阳观测台。威尔逊山的第一台望远镜是从叶凯士天文台一直运到帕萨迪纳的，这段旅程长2000多英里，横穿了大半个美国。人们利用驴子和马匹沿着蜿蜒的山间道路把拆散的零件驮了上来。道路非常狭窄，他们使用了一种特别设计的货车（由一前一后两个驾车人协力引导），结果运了60车才把东西全部运到观测台。即使是今天，在这条山路上驾车也需要有一颗坚强的心脏。

很快，海耳就用组装好的望远镜瞄准了太阳黑子。通过将其与太阳单色光照相仪结合使用，他成了第一位详细研究太阳黑子光谱的天文学家。海耳看到了它们的夫琅禾费谱线的变化，得知太阳黑子是太阳表面上温度较低的区域。今天我们知道，光球周围的温度是5500摄氏度，但太阳黑子中的温度掉到了3500摄氏度。因为它们温度比较低，所以看上去暗淡一些。尽管温度相对较低，但其实并不冷。如果单看一个太阳黑子而不看光球的其他地方，那么它比满月更亮。太阳黑子是碗状的洼地，在太阳表面下沉了几百千米，面积有的如一个城市的大小，有的则比一个行星还大。史上记录的最大太阳黑子是由威尔逊山天文台于1947年拍下的，其大小是地球的42倍。这个太阳黑子形状不规则，比较黑的中心部分叫本影（umbra），周围环绕着比较亮的区域叫作半影（penumbra）。没有半影的较小的太阳黑子叫作小黑点（pore）。存在时间最短的太阳黑子一天之内就消失了，但存在时间最长的徘徊了好几个月。海耳证明，它们是光球比较冷的部分。但它们的温度为什么比较低呢？为了回答这个问题，他需要一台更大的望远镜。人们很快就开始建造一座60英尺高的太阳塔，其中有一台30英尺高的光谱仪被埋藏在太阳塔的地下室里。这座塔于1908年完工。我们现在有了观察太阳谱线的最精准的工具。

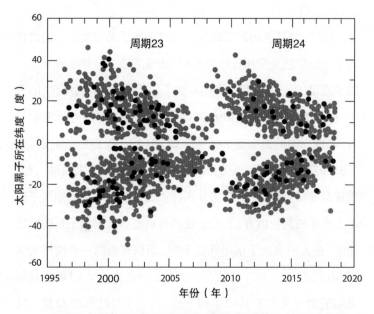

一幅说明太阳黑子随着太阳周期的推进越来越靠近赤道的蝴蝶图。

• 由磁场创造的

海耳有一种预感，即太阳黑子与磁场活动有关，因为它们的外层区域的结构看上去与条形磁铁周围由铁屑形成的纤维状结构相似。荷兰物理学家彼得·塞曼（Pieter Zeeman）发现，在磁场作用下光谱线能够分裂为几条（塞曼效应），并因此于1902年赢得了自诺贝尔奖设立以来的第二个诺贝尔物理学奖。当磁场强度增大时，这些光谱线之间的距离加大。受到这一发现的启发，海耳开始利用新的太阳塔在太阳黑子的光谱中寻找分裂的夫琅禾费谱线，没过多久便找到了。1908年6月25日，海耳拍摄了太阳黑子光谱的塞曼效应，证明它们与磁场之间必定存在深刻的联系。这是我们第一次看到，这一神秘的力量在地球以外起作用。这是一个决定性的时刻，是现代太阳物理学诞生的一瞬。在对太阳黑子成因进行了几个世纪的探索之后，我们终于找到了一种能够了解它们成因的方法。从那时起，我们就一直在研究太阳的磁场。

没过多久，海耳又有了一项重大发现：太阳黑子是成对出现的。而且他发现，组成一对的两个太阳黑子具有相反的极性（如条形磁铁的北极与南极）。太阳物理学家们称它们为正极和负极，而不是北极和南极。当太阳自转时，一个太阳黑子对在太阳表面上运动，而且其中有一个"前导黑子"，即总是在它的伴随黑子前面引路的黑子。与它的伴随黑子相比，前导黑子总是按照更靠近赤道的方式倾斜[人称乔伊定律,其是以威尔逊山天文台的另一位天文学家艾尔弗雷德·乔伊(Alfred Joy)的名字命名的]。距离赤道越近,这种倾向越明显。海耳也发现,在太阳赤道以上的大部分前导黑子有同样的极性。南半球的大多数前导黑子与北半球的大多数前导黑子相比具有相反的极性。这就是海耳极性定律。但太阳黑子并不总是遵守这一定律,每12个太阳黑子中就有1个违反这一定律,它们被称为反海耳太阳黑子(anti-Hale sunspot)。海耳的发现是说明太阳黑子并不仅仅是局域现象的第一条线索。当周期15于1913年开始时,海耳发现了一件出人意料的事情:前导黑子的极性颠倒了。南半球的前导黑子现在有了周期14中北半球的前导黑子的极性,反之亦然。11年后,当周期16刚刚开始之时,这些前导黑子的极性又颠倒了回来。就这样,海耳的发现说明:一个太阳活动的周期其实历时22年——这是太阳回到极小期而且有同样的极性所需的时间。这个周期现在叫作海耳周期,以此表示对他的敬意。一些磁场显然与不同的太阳黑子群有联系,它们在许多年间一起存在于大片光球上。

　　为了解太阳的情况,天文学家们需要研究整个太阳的磁场。这是为了弄清整个恒星的磁场状况,而不仅仅是为了解释太阳黑子中出现的局部区域内的怪现象。幸运的是,为使用直到今天还雄踞于威尔逊山的那座150英尺高的太阳塔所做的一切准备工作刚好就绪。太阳的全恒星磁场很弱,对它们还有许多测量工作要做。但不幸的是,这时海耳的精神健康状况逐步恶化,他不得不于1923年退休,不再担任威尔逊山天文台的台长。他在缅因州(Maine)的一家疗养院里休养了一段时间,于1938年去世,享年69岁。作为一位好奇心永远无法被满足的杰出人士,海耳的贡献远远不止建造望远镜。利用来自富人的更多的捐赠,他将帕萨迪纳当地的一所低档次的职业学院改造成了加州理工学院(California Institute of Technology, Caltech)。作为当今世界上位居前列的科技大学之一,加州理工学院成了太阳物理学家们希望前往"朝圣"的"麦加"(Mecca)。

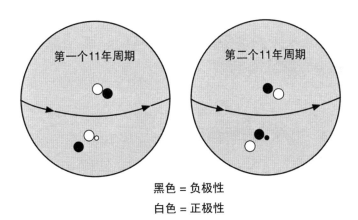

黑色 = 负极性
白色 = 正极性

太阳黑子对是倾斜的,其中前导黑子更接近赤道(乔伊定律)。两个半球上的前导黑子具有相反的极性(海耳极性定律)。

在那些云集于加州理工学院的人中间，有一对父子天文学家，即哈罗德·巴布科克（Harold Babcock）和霍勒斯·巴布科克（Horace Babcock）。1909年，即海耳发现了太阳黑子磁场的第二年，哈罗德开始在威尔逊山天文台工作。他于1948年进入半退休状态，但随之而来的才是他最重要的工作。1951年，他与霍勒斯一起发明了磁像仪（magnetograph）。通过仔细检查太阳谱线的塞曼效应，这种装置能够准确测量太阳的磁场强度。1952年，巴布科克父子开始在威尔逊山天文台上使用磁像仪观察太阳，创造了人称磁图（magnetogram）的太阳磁场图。在几年后的1956年，他们在加州理工学院的同事罗伯特·莱顿（Robert Leighton）利用那座60英尺高的太阳塔证明：太阳黑子区域外存在强磁场。1960年，莱顿也发现了太阳表面的振荡，且以前所未有的详尽程度绘制了光球米粒组织图，并发现这些米粒会组成更大的超米粒。

· 统筹考虑所有方面

到了20世纪60年代初期，在用磁像仪观察太阳差不多10年之后，威尔逊山天文台的天文学家们已经做好了向公众解释太阳黑子和它们不寻常的周期性表现的准备。人们称这一图像为巴布科克-莱顿模型（Babcock-Leighton model）。多亏了太空中的一批现代太阳观测仪器所做的工作，之后人们对这一模型做了许多改进，但它仍然是我们今天认识太阳的基础。如我们在上一章中所见，SOHO望远镜配备了日震学仪器，如MDI和GOLF，它们是莱顿于1960年在60英尺高的太阳塔上使用的科技手段的直接后代。2010年，NASA的SDO在太空中也加入了SOHO的行列。它能以比高清电视机高10倍的分辨率传送太阳的图像，每10秒钟就能传送8张不同的太阳照片。它的组成仪器中还包括日震与磁成像仪（Helioseismic and Magnetic Imager, HMI）。它不仅仅能够提供日震数据，可以毫不夸张地说，它还是一台现代版的巴布科克磁像仪，能够绘制出整个太阳圆盘的详细磁图。通过结合所有这些不同的测量手段，我们能够以巴布科克-莱顿模型的现代解释为基础，描绘出太阳黑子的运行规律，以及它们的周期变化规律。

太阳的磁场产生于它的内部深处——差旋层，很可能是母星云（太阳在此形成）的磁场的浓缩遗迹。把磁场视为一系列磁感线，这对我们的理解是很有用的。它们就相当于在条形磁铁周围撒上铁屑之后出现的那些磁感线。太阳内部的磁感线经常集中在一起形成一个柱体，人称磁流管（magnetic flux tube）。在这种方式下，一个磁流管与一束电缆类似，它们都是由许多交织在一起的线组成的。我们已经在前一章看到，太阳的对流层经历了不同的自转，它在赤道上的自转速度要比在两极的快20%。然而，日核与辐射区的自转速度是整齐划一的。这两个区域刚好在差旋层相遇。上下两部分有着不同的自转速度，这意味着一个横跨这个区域的磁流管会发生扭曲，以至具有更大的浮力，从而通过对流层进一步上升。一个磁流管将用一个月的时间抵达光球，这个上升速度是普通太阳光子的3倍。它最终将以一个回路的形式冲出光球。天文学家们将其称为双极磁区（bipolar magnetic region, BMR）。这就是我们看到太阳黑子总是成对的原因——一个在磁流管离开光球的地方（正极性），另一个在磁流管再次进入光球的地方（负极性）。这一点我们可以从来自SDO的现代磁图中看出，其中白色代表正极性，黑色代表负极性。磁流管回路相当于一个等离子体陷阱：可以禁锢物质，阻止下面较热的物质取代管内的物质。太阳黑子看上去比较冷，因为那里是光球上进行正常的物质对流受到阻碍的区域。然而，最近几年的SDO观察结果说明，这一图像还要更加复杂一些。似乎刚好位于光球下的湍急的波会在拱起的磁流管到来时把它们撕开。那些碎片通过光球时，可以重新自行排列，成为具有类似极性的区域，形成太阳黑子对。磁流管的一般形状并没有完全被改变，这一事实说明：它可能被深深地固定在下面的对流层内，或许在光球的5000千米以下。

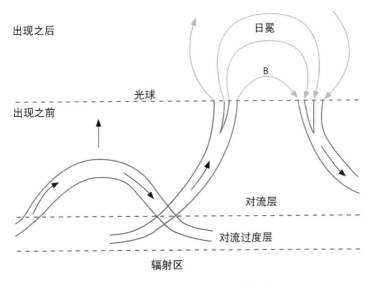

如果磁流管在差旋层扭曲了，那么它将穿过对流层上升，并冲出光球。

    那么，为什么会出现乔伊定律指出的情况——一个太阳黑子对中的前导黑子会更向赤道倾斜呢？ 1919年，海耳猜测，这可能是一个与在地球上改变飓风和龙卷风的路径的类似的机理造成的。在地球赤道上空的风暴是呈逆时针方向旋转的，但在南半球是呈顺时针方向旋转的。这是因为，与太阳的对流层一样，地球的大气层在赤道的旋转速度大于在两极的。扭曲的气象模式使气流到了北半球向右偏转，到了南半球向左偏转。这就是所谓的科里奥利效应（Coriolis effect），它是以19世纪法

国科学家加斯帕尔－古斯塔夫·德·科里奥利（Gaspard-Gustave
de Coriolis）的名字命名的。人们认为，科里奥利效应也在对流
层改变了上升的磁流管的路径并扭曲了它，使它的一端在更靠
近太阳赤道的地方穿过光球出现。受到最大偏转的一端总是
与最近的一极具有同样的极性，这就解释了在同一半球中所有
前导黑子都有同样的极性（海耳极性定律）的原因。20世纪50
年代中期，尤金·纽曼·帕克（Eugene Newman Parker）第一次详
细解释了这一机理。他的名字在很大程度上成了太阳物理学
的代名词，我们将在以后的章节中再次讨论他的工作。并非每
个人都赞同帕克的观点，也有人认为磁流管可能在到达对流层
之前便已经被扭曲了。2013年，一项研究考察了1917到1985
年的威尔逊山天文台收集的太阳的相关数据，其中包括将近
2.5万个太阳黑子群。这项研究得出的结论是，乔伊定律是这
种机理和科里奥利效应的混合。

· 宇宙传送带

也有人认为，在施瓦贝周期的11年间太阳黑子数目的增加
与减少是较差自转的结果。在太阳极小期，太阳的磁场与条形
磁铁的磁场非常相像，其磁感线从一极走向另一极。然而，赤
道地区自转的速度更快，所以赤道的磁感线很快就超越了两极

的磁感线。随着时间的推移，这种现象愈演愈烈，造成太阳的磁场放大，迫使回路磁流管更频繁地穿越光球进入太空，从而产生了更多的太阳黑子。我们已经在第五章中看到，各种仪器（包括SOHO在内的仪器）的日震学测量结果揭示了光球下有巨大的物质流在流动。该经向流就像一条传送带。靠近表面的物质向两极流动，但深陷于对流层内部的物质流的方向与此相反，流向赤道。这解释了蝴蝶图的成因。随着太阳周期的推进，太阳黑子逐渐出现在更靠近赤道的地方，因为经向物质流带着它们向这个方向流动。

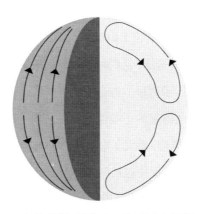

经向流如同一条传送带，带着表面物质流向两极，带着表面以下的磁场流回赤道。

最终，太阳黑子将开始解体。磁场的边缘存在一个个小块，它们是由光球持续起伏切割而成的，与它们相关的磁感线被扫到了在光球上纵横交叉的超米粒网络的边缘。这一机理是罗伯特·莱顿和乔治·W.西蒙（George W. Simon，莱顿在加州理工学院与威尔逊山天文台的同事）于1964年首先提出的，从古至今的对太阳的观察结果都支持这一理论。让我们想象一个11年的太阳周期，其中北半球的北极具有正极性，南半球的南极具有负极性。正如普通的磁铁一样，极性相反的互相吸引，极性相同的互相排斥。因此，在北半球上，所有正极性前导黑子解体之后的残余部分都会受到排斥向赤道方向运动；在南半球上，所有负极性前导黑子留下的部分也受到了同样的待遇。这就意味着，具有相反极性的区域的黑子将在赤道相遇并相互抵消。

在每个半球上，尾随太阳黑子（trailing sunspot）的剩余部分受到吸引向两极运动，它们很快在那里搭上了表面经向流的便车，更快地到达了两极。海量的负极性的物质来到了原来是正极性的北极，而海量的正极性的物质来到了原来是负极性的南极。正是这一机理，触发了海耳于1913年观察到的太阳整体磁场的抵消和逆转，促使包括两个11年的太阳黑子周期的海耳磁周期的完成。那时候的新磁场被经向流传送带带到了太阳深处，它在那里得到了较差自转的放大，因此产生了下一个太阳周期的太阳黑子。11年的周期反映了这个传送带完成一次循环需要的时间。它也同样解释了我们经常看到的两极之间互相转化的原因。如果一个半球上的太阳黑子活动更多，那里就会有较多的磁通量来逆转在此半球上占优势的极性。当巴布科克在20世纪50年代首先开始观察太阳的整体磁场时，太阳的两极在1年以上的时间内具有相同的极性——其中一个逆转了，另一个还没有。当南半球还以周期23（1996到2008年）为主时，而北半球已经以周期24（2008到2019年）为主了。

• 不均衡的周期

根据100多年来在地面和太空对太阳进行观察的结果，我们得到了一幅漂亮、优雅的图。然而，这只不过是一个对于发生的情况的总体描述——太阳科学家们还没有深刻地理解它错综复杂的状况，也并没有就其中每个部分都达成共识。一个特别棘手的问题是：没有两个完全一样的太阳周期。11年只是太阳周期的一个平均长度。在过去两个世纪中，最短的只有9年（1766到1775年），最长的将近14年（1784到1798年），而且每个周期的强度也不一致。从1645到1715年，太阳黑子特别罕见，即使在太阳极大期也是如此。人们称这一寂静的时间区间为蒙德极小期（Maunder minimum），它是以英国天文学家沃尔特·蒙德（Walter Maunder）的名字命名的，他曾在20世纪初通过回查历史上的有关太阳黑子的记录确定了这个时期。这类沉寂期叫作大型极小期（grand minima），其定义是：在至少连续20年的期间内，月平均黑子数小于15。与此对应的是大型极大期（grand maxima），即在类似时期内的沃尔夫数超过50。最近的太阳活动直线下降。现在这个太阳周期——周期24是一个世纪以来最沉寂的周期。有些人正在预言，这是另一个可能持续几十年的大型极小期的开始。正在发生什么呢？

在20到21世纪之交，太阳物理学家们发现了有力的证据，证明太阳周期的强度与太阳磁场在上一次太阳极小期的强度相关。一旦太阳磁场反转（太阳极小期），太阳活动就会蓄势加强。当磁场受到较差自转的放大，太阳活动将达到太阳极大期。如果磁场开始比较弱，它就不会得到很大程度的放大，太阳黑子就比较少。在周期23和周期24之间的2009年发生了一次太阳极小期，当时有260天没有太阳黑子，创造了自1913年以来的一年内太阳黑子消失天数的最高纪录。

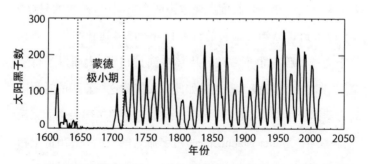

上图反映了自1600年以来每年的太阳黑子数，其中17世纪后期出现了明显的大型极小期。

发生这种情况可能有几种原因。或许是因为出现了比较多的反海耳太阳黑子。由于其反极性,它们的出现会抵消一些被经向流带往两极的磁场。2018年11月,利用SOHO和SDO的磁图数据,加利福尼亚大学洛杉矶分校(University of California at Los Angeles)的李京(Jing Li)回头检查了出现在周期23和周期24的4385个太阳黑子群的相关信息。反海耳太阳黑子的数目在前一个周期中略高。与所有反海耳太阳黑子有关的总磁通量也高于周期23的平均值,但低于周期24的平均值。另一个可能的答案是:经向流本身的速度和方向是随时间变化的,这就意味着,它们向两极方向流动时携带的抵消磁通量比较少。低速运转的经向流传送带将让周期变长。2014年,戴维·哈瑟维(David Hathaway)和莉萨·厄普顿(Lisa Upton)分析了1996年5月到2013年7月的SOHO和SDO的数据,证明确实存在这种现象。他们发现,周期23的太阳向极地的经向流弱于周期21、周期22和周期24的。2018年,一个来自中国台湾的天文学家团队使用SOHO的MDI仪器收集的14年(1996到2010年)数据证明,经向流模式在这段时间内变化很大。这一点支持哈瑟维和厄普顿的想法。多样化的周期也可能是太阳黑子出现的地点或者倾斜程度发生变化的结果。平均而言,太阳黑子如果在低纬度地区突然出现,那就需要走得更远,才能抵消以前在两极的磁场。有一些情况说明,蒙德极小期的后半段时期就发生过这种情况。同样,如果大多数太阳黑子对的倾斜程度较小,那么在倾斜程度较大的情况,尾随太阳黑子将距离两极更远。除此之外,还可能有其他让太阳活动增强或减弱的外部因素,它们与巴布科克-莱顿模型本身完全没有关系。

所有这些因素也可能或多或少地都有牵连。为了弄清哪个因素最重要,太阳物理学家们建立了复杂的计算机模型。他们能够改变其中的参数,包括反海耳太阳黑子的数目、经向流速度和太阳黑子在许多周期中的倾斜度。最近10年来,随着功能更强大的计算机的开发,人们对这些模型的使用出现了爆炸性增加,由此也带来了更为精确的计算结果。更重要的是,我们最近正以前所未有的程度仔细研究太阳,而且像SDO这类航天器每天都会发回太阳表面的磁图。这就意味着,真实的数据每天都会被输入到这些模型中,让它们得出的结果尽可能地准确。从19世纪初期施瓦贝开展的先驱性工作开始,我们在最近200年间精心记录了太阳黑子的活动情况,最好的模型几乎完全重建了这些东西。然而,如果想要对这些模型进行充分调整,20个左右的太阳活动周期记录是不够的。幸运的是,我们有一种方法可以填补1.1万年前太阳黑子的历史记录的空缺,这个方法就是利用宇宙线。

• 树干和冰核

宇宙线是指从更广阔的星系中进入太阳系的高能带电粒子和光子流。它是在超新星爆发这类灾难性事件中产生的。当宇宙线击中地球的大气层时,会产生一连串如同瀑布般的粒子,其中包括碳-14。当树木吸收二氧化碳以进行光合作用时,它们就吸收了碳-14。在树木的生长过程中,空气中碳-14含量的变化会记录在它们的年轮上。我们将在后面的章节中看到,太阳黑子与一系列爆发事件有关,它们可以把物质带到地球和更远的地方去。更多的太阳黑子意味着会发生更多的爆发事件,以及会有更多的物质流入太阳系。这样的物质流阻挡了宇宙线,让其中许多射线无法到达地球,于是,树木年轮反映的碳-14含量就下降了。碳-14的含量越少,当时的太阳黑子就越多。

最近几个世纪实际观察到的太阳黑子数量的变化情况,与最近250年树木年轮数据的变化情况高度符合。因此,太阳物理学家们满怀信心,认为自己可以利用树木的年轮重建过去1.1万年的太阳黑子历史记录,这个时期包含了大约1000个太阳周期。人们也尝试过建立更早期的记录。人们在2017年对树木化石进行了分析,其结果表明:11年的太阳周期在3亿年前就已经出现了。2018年,中国科学家考察了古代沉积岩层,认为这样的周期在8亿年前就已经存在。我们也可以利用存在很长时间的冰盖重建太阳黑子的记录，如利用人们在南极发现的冰盖。除了碳-14，宇宙线的轰击也会使周围的空气中产生铍-10。当新的一层冰冻结时，它会把周围空气中存在的任何铍-10封存在冰中。通过取一份冰核样品，即在冰层中钻取一根冰柱，科学家们可以研究其中的每一层，看看数千年间铍-10在大气中的含量是如何变化的。

来自树木年轮的结果表明，过去大约1.1万年中，曾经有过27次大型极小期。看上去，太阳一生中有大约1/6的时间处于大型极小期，大约1/10的时间处于大型极大期。平均而言，大型极小期的延续时间为70年，而两次之间的间隔刚刚超过400年。如果最后一次大型极小期开始于1645年的蒙德极小期，那么另一次大型极小期很有可能为期不远了，再加上最近一个周期太阳活动非常弱，这种推测成立的可能性就更大了。根据巴布科克-莱顿模型，一个由来自俄罗斯和印度的三位天文学家组成的团队于2013年建立了一个有关太阳的计算机模型。在向经向流速度和太阳黑子倾斜角度这类因素中加入一些小的随机变量之后，他们尝试重建过去1.1万年内由碳-14数据反映的太阳活动。当把太阳黑子倾角的随机变化作为最大影响因素时，他们得到了最佳匹配。

2017年，来自德国马普学会太阳系研究所（Max Planck Institute for Solar System Research in Germany）的罗伯特·卡梅

伦（Robert Cameron）和曼弗雷德·许斯勒（Manfred Schüssler）得到了一个类似的结论。他们让磁活动在150个不同的虚拟太阳上持续进行了1.1万年以上的运动，结果发现，与太阳类似的长期变化是与巴布科克-莱顿模型中的随机涨落（如倾斜变化等）一致的。在更早些的工作中，卡梅伦和许斯勒确定地排除了一种当时流行的理念——太阳周期之间的变化是行星围绕太阳旋转时带来的共同引力造成的结果。持这一理念的人们认为，有时候巨型行星会在太阳的同一侧，会一起吸引太阳；但当它们均衡地分布时，太阳受到的引力就会来自不同的方向。根本不需要这种外界机理来解释大型极大期和大型极小期的涨落。在一个太阳周期内，磁流管穿过对流层的方式的微小随机变化，似乎便足以加强或者削弱下一个周期内活动的强度。这是对巴布科克和莱顿工作的有力支持。

· 下一步是什么？

那么，太阳黑子在周期24中的沉寂是否意味着另一个长期的大型极小期的开始？不同的人对此有不同的回答。有关周期24的强度，人们至少做出了100种不同的预测，它们都在不同程度上取得了成功。它们包括从超级沉寂（太阳极大期中平均有40个黑子）到极为活跃（有185个黑子）等一切可能性。

最准确的预言以带有微小随机涨落的巴布科克-莱顿模型为基础。预言称，未来太阳活动仍然处于幼年期。尽管计算机模拟取得了巨大的进展，却还没有人创造出一个完整的三维模型，以高度准确地重建太阳的活动。人们必须做出简化并求得近似值。然而，自从周期24开始以来，无论是我们在理论上对于太阳的理解，或者是计算机的演算能力，都已经得到了相当程度的提高。这让我们可以更加准确地预测周期25。

　　2015年，英国诺森比亚大学（Northumbria University）的瓦伦丁娜·扎尔科瓦（Valentina Zharkova）发表了她建造的太阳模型的细节，预言2020到2055年间将会发生大型极小期。此举震惊了媒体。其他太阳科学家们提出了反对意见，认为她的模型仅仅以35年的数据为基础，过分简单化。2018年12月，来自加尔各答的印度科学教育与研究所（Indian Institute of Science Education and Research in Kolkata）的普兰提卡·波密克（Prantika Bhowmik）和蒂比安都·南迪（Dibyendu Nandy）展示了他们建造的模型。通过模型，他们准确地再现了20世纪人们观察到的太阳活动，并发现：太阳黑子倾斜度的随机变化是让下个周期沉寂的最大影响因素（占30%~40%）。对于对周期间变化的影响，经向流变化和大量反海耳太阳黑子出现这两个因素联合影响的比例只占11%。波密克和南迪预言，周期25将在2024年达到峰值，平均黑子数将为118个。相比之下，于2014

年达到峰值的那次周期的平均黑子数为82个,而且之前预估的平均数值也略微超过最近几百年的平均数值——114个。回到2013年,一个来自开罗国家天文与地球物理研究所(National Research Institute of Astronomy and Geophysics in Cairo)的团队,使用某种方法准确地估计了周期24的峰值。他们这次预估的数值与波密克和南迪的类似。戈帕尔·哈斯拉(Gopal Hazra)和阿纳波·拉伊·乔杜里(Arnab Rai Choudhuri)组成了另一个团队,他们针对周期24做出的预测十分准确。2018年11月,他们基于经向流和太阳黑子倾斜度的随机变化,做出了有关周期25的预测:下一次极大期达到最大值时有153个太阳黑子。

在撰写本书之时,大部分预测认为周期25要比周期24更活跃,但不如周期23活跃——如果真的将要开始进入大型极小期,这当然不是你认为自己将会见到的情况。然而也有一些更为保守的预测。2019年1月,亚历山大·科索维切夫和瓦列里·皮平(Valery Pipin)分析了来自SOHO和SDO的日震学方面的数据,并追溯到此前22年,发现差旋层运动正在放慢。他们因此得出结论:太阳磁场减弱这一长期趋势可能还将继续。与此同时,来自加拿大蒙特利尔(Montreal)的一个团队大胆地提出了他们的观点:太阳极大期将于2025年达到峰值,但太阳黑子数目只有89。他们进一步预言,赤道以北的太阳活动将比南半球的晚6个月开始,但一旦开始,就比南半球的活跃20%。太阳周期预测小组（Solar Cycle Prediction Panel）是由美国国家海洋大气局（National Oceanic and Atmospheric Administration, NOAA）、国际空间环境服务组织（International Space Environmental Services, ISES）及美国国家航空和航天局组成的。小组成员定期汇总所有这些模型的信息，并基于此总结做出一个官方预测。2019年4月5日，他们发表了对于周期25的初步预测，引用如下：

周期25的规模将与周期24的相仿。我们预测，太阳黑子最大值的出现时间不会早于2023年，也不会迟于2026年，其中太阳黑子的最低峰值数为95，最高峰值数为130。而且，本委员会预测，周期24结束和周期25开始的时间不会早于2019年7月，也不会迟于2020年9月。

最终谁的预言会成真，我们还需拭目以待。未来10年事态发展的关注点，远不止确定谁可以夸耀自己的独到眼光。太阳黑子经常出现在天文学家称为"活动区"的地带，那里存在着强磁场。它通常是太阳系中最大规模的爆炸发生的舞台。人们称这些壮观的焰火为太阳耀斑，它们不仅对地球上的我们具有深刻的影响，对其他的行星也会如此。

7

恒星爆炸

太阳的温度如此之高，光如此强烈，我们必须用那些独特的仪器和方法观察它的表面。

——查尔斯·扬

从威尔逊山向北驱车5个小时所经过的地带，是一道蜿蜒行进在红杉国家森林（Sequoia National Forest）和死亡谷国家公园（Death Valley National Park）之间的秀丽风景线。当到达独立镇（Independence）和隆派恩镇（Lone Pine）时，你恰好身处于西边高耸的绿色山林和东边极度干燥的莫哈韦沙漠（Mojave Desert）入口包夹着的一线天地中。你终于来到了欧文斯谷射电天文台（Owens Valley Radio Observatory）——建立在一片无人理会的灌木丛上的一系列巨大的无线电圆盘天线。两边的高山挡住了当地本来就不多的无线电干扰。

随着洛杉矶的规模在19世纪末不断扩大，这座城市不断增长的人口需要更多的水。1913年，一条375千米长的水渠建成,将欧文斯谷的水引进了这座新兴的大都市。虽然此举激怒了当地牧场主和农民,但这个项目最终得到了罗斯福总统本人的批准。山谷干涸了,几乎每个人都离开了。20世纪50年代,加州理工学院的天文学家们搬了进来,建造了一座天文台,以研究大量天体发出的无线电波。在同一地点的还有欧文斯谷太阳阵列(Owens Valley Solar Array)——一个专门用于聆听太阳声音的实验装置,现在由新泽西理工学院(New Jersey Institute of Technology, NJIT)管理,并在不久前经历了一次重大升级,天线数量增加了1倍。人们将这个世界领先的设施重新命名为"欧文斯谷扩大太阳能电池阵列"(Expanded Owens Valley Solar Array, EOVSA),天文学家们正在利用它以前所未有的细致程度研究离我们最近的恒星。2017年4月,这个升级版设施的数据上线,仅仅5个月后,太阳的西侧一翼便出现了一个翻滚着的巨大活动区。从9月6日到9月10日,周期24中最强烈的太阳耀斑产生了。EOVSA观察着这一现象,同样这样做的还有包括NASA发射的SDO在内的一系列太空太阳观测台。

• 狂暴的耀斑

耀斑是一种突然被释放的巨大太阳能。1859年,理查德·卡林顿是第一个观测到耀斑的人。在耀斑爆发期间,太阳的一个小局域迅速变亮。整个电磁波光谱上的各种能量,从无线电波到 γ 射线,都在狂暴地发射。地球大气阻止了一部分辐射到达地球,因此,要研究耀斑发出的全部能量,我们既需要 EOVSA 这样的地面装置,也需要 SDO 这样的天基望远镜。在 10 分钟内,耀斑释放的能量相当于一次火山爆发的 1000 万倍、一次极具破坏性的地震的 1000 倍。2017 年 9 月,一些耀斑爆发的威力相当于 10 亿颗氢弹爆炸。如果能想办法从源头上控制它们产生的能量,以我们当前的耗能速度,这些能量能满足人类 1 万年的需求。然而,即使最猛烈的耀斑,也只在占据整个太阳圆盘不到 1% 的地方爆发。耀斑是按其威力排序的,从最弱的 A 级开始,经过 B 级、C 级和 M 级,上升到最强大的 X 级。每一级的威力都是上一级的 10 倍,这就意味着,X 级耀斑的威力是 A 级的 10 万倍[1]。除了 X 级没有上限外,每个类别都被分成 10 个较小的亚级。2017 年 9 月,4 天爆发了 27 次 M 级耀斑和 4 次 X 级耀斑。太阳耀斑通常与活动区有关,它们的数量会以类似于太阳黑子周期的方式增加和减少。在太阳极大期,每天都会发生数十次耀斑爆发;但在太阳极小期,也可能连续数周没有发生一次爆发。天文学家们自 20 世纪 60 年代以来就知道,太阳耀斑活动的高峰期出现在太阳黑子活动高峰期之后的几年,但

---

1 如果 A 级是 1,B 级就是 10,C 级应该是 100,M 级应该是 1000,最后的 X 级就是 10000。因此,X 级是 A 级的 1 万倍,不是 10 万倍。

他们至今仍然不知道原因。我们也不明白,为什么在太阳非常平静的时候也经常发生大型耀斑爆发事件。2017年9月的耀斑的威力是自2006年以来最强的,但其爆发在异常微弱的周期24即将结束时。卡林顿于1859年观测到的宏大的太阳耀斑仍然是人们记录的规模较大的耀斑之一,它爆发在太阳黑子的另一个平静的周期内。

• 太阳大气

我们确实知道的是,这些爆炸事件的根源在于太阳的大气层,它由光球、色球(chromosphere)、色球日冕过渡区和日冕这四层组成。色球是一个薄薄的区域,在光球之上延伸几千千米。我们可以在日全食期间看见它——一个围绕太阳的深红色的边缘。正是在这里,人们利用早期的光谱法首次在太阳上发现了氦(见第二章)。色球红色的光彩是由氢原子中的电子从第三能级跃迁到第二能级时发出的光形成的。天文学家将这种跃迁称为阿尔法氢(Hα)发射,许多太阳望远镜配备了Hα过滤器,能够检测到这种光。通过对色球的Hα观察,能够绘制出色球网络结构:一个以纵横交错的网络形式从光球向外扩展的超米粒组织结构。针状物(spicule)在这个网络中瞬间喷射。色球中也有明亮的区域,叫作谱斑[(plage),得名于一个法语词,意思是"海滩"],主要分布在磁场高度集中的活动区。色球的密度是光球的1×10^{-4},是我们呼吸的空气的密度的1×10^{-8}。我们从日核出发已经走过了漫长的道路,日核物质的致密度是色球物质的1.5×10^{14}倍。向上穿过色球,越过过渡层,来到太阳的最外区域:日冕。这里的密度是光球的1×10^{-9}。2014年,天文学家们利用NASA的日地关系观测台(Solar Terrestrial Relations Observatory, STEREO)太空望远镜发现,日冕至少向太空延伸了800万千米(大约是太阳直径的6倍)。

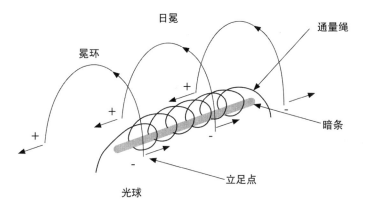

冕环的磁拱包含一条稳定的通量绳,它在光球上方维持着一条较冷的等离子体(叫作暗条)。

扭曲的磁流管穿过对流层,突破光球继续向上超越,进入色球和日冕,并在那里形成巨大的拱顶,叫作冕环(coronal

loop)。太阳黑子经常出现在冕环的底部,即所谓的立足点
(footpoints)。一个冕环的两个立足点通常具有相反的磁性。
一排冕环叫作磁拱(magneticarcade)。像 SDO 这样的现代太
阳望远镜提供了其巨大而脆弱的结构图像,它看上去令人瞠目
结舌。其中最大的比地球宽很多倍,可以持续好几天。我们看
不到拱形的磁流管本身,但是电子、质子和其他形成太阳的热
等离子体的电离粒子附着在电场线上。利用这些粒子,人们能
够描绘出拱形的磁流管的形状轮廓。这种材料非常热,它发出
的光利用紫外光和 X 射线拍摄最为清晰。像大多数太阳活动
一样,冕环最常出现在达到太阳 11 年周期的峰值的时间前后。
它就像一个巨大的能量储藏库,把太阳的磁能储存到集中的
区域。

太阳物理学家们花了几十年的时间苦苦思索,这种能量是
如何进入太阳耀斑的。通过拼凑线索,他们得到了一个标准耀
斑模型(standard flare model),即这些事件的基本轮廓。它有时
也被称为卡迈克尔-斯特罗克-平山-科普-纽曼(Carmichael-
Sturrock-Hirayama-Kopp-Pneuman, CSHKP)模型。这一名称相当
烦琐,取自其早期几位主要倡导者的名字。2018 年夏,天文学
家发表了他们使用加州的 EOVSA 观察 2017 年 9 月的一次耀斑
的结果。耀斑在好几个小时内持续向太空喷射着大量辐射,包
括无线电波、微波、紫外线和 X 射线。利用 EOVSA 和 SDO 对

这些辐射进行分析，得到的结果与标准耀斑模型的基本一致。然而，我们仍然有一些不明白的事情。在加那利群岛（Canary Islands），天文学家用瑞典的 1 米太阳望远镜（Swedish 1-metre Solar Telescope, SST）观察了同一次耀斑。他们于 2019 年 2 月发布的分析报告显示，与耀斑相关的磁场强度是预期的 10 倍。

• 重新联结辐射

根据以上模型可知，当一个冕环的立足点变得越来越杂乱并发生扭曲时必定会引发耀斑。在爆发事件中，固定在光球上的通量绳被迫向上移动。磁极性相反的区域被推到日冕高处的同一地点，迫使磁感线断裂并重新联结形成新的磁感线。天文学家称这个过程为磁重联（magnetic reconnection）。磁重联可能是发生太阳耀斑的原因，这一想法可以一直追溯到 1946 年，当时由澳大利亚太阳物理学家罗纳德·焦瓦内利（Ronald Giovanelli）提出。磁重联可能会促使日冕中的电子加速，使之向下进入色球。20 世纪 50 年代，彼得·斯威特（Peter Sweet）和尤金·帕克进一步发展了这一观点；但直到近 10 年之前，所获得的最重要的证据仍只能起到间接证明的作用。

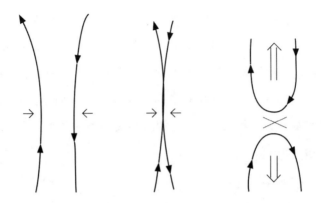

当两个磁极性相反的区域被迫贴在一起时，磁感线就可以在一个叫作磁重联的过程中断裂并形成新的构型。

2014年，一个国际天文学家团队分析了SDO收集到的2011年8月17日爆发的X级耀斑的相关数据。在冕环顶部附近一个疑似发生重联的点（人称X点）的位置周围，他们发现了物质的流入和流出。这一事件提供了迄今为止最有力的证据，即磁重联是耀斑爆发的起因。重联使太阳成为太阳系中最强大的粒子加速器，其效率甚至远远超过位于法国和瑞士边境上广受赞誉的大型强子对撞机（Large Hadron Collider, LHC）的。NASA开展的鲁文·拉马第高能太阳光谱成像探测器（Reuven Ramaty High Energy Solar Spectroscopic Imager, RHESSI）项目，极大地改变了我们对太阳耀斑期间粒子加速方式的理解。它以太阳物理学家鲁文·拉马第（Reuven Ramaty）

的名字命名，旨在捕捉电子和其他粒子在太阳大气中急速减速时发出的X射线和γ射线。它于2002到2018年投入使用，最后因为通信故障结束了使命。在没有推进装置的情况下，RHESSI仍在绕地球轨道运行，预计将于2022年重返大气层并被焚毁。这台望远镜见证了7.5万次太阳耀斑，让天文学家得以进一步完善标准耀斑模型。

那么这些粒子在做什么呢？一些电子在重新联结后被困在新的磁结构中，并开始绕着磁感线旋转。在这样做的过程中，它们产生回旋同步加速辐射（gyro-synchrotron radiation）——以微波形式存在的能量，像EOVSA这类设备可以检测到这种能量。这些能量信号以前主要由位于日本中部的野边山射电日光仪（Nobeyama Radioheliograph）接收。然而，它只能以两种固定频率收听太阳发出的信号。你可以把回旋同步加速辐射想象成可以在收音机上收听的所有电台节目。如果你只可以调到一对固定频率，就只能听到两个电台的广播。你无法收听一切现成的节目，包括体育报道和流行音乐、嘉宾热线和古典音乐节目等。因此，你对无线电工业的任何描述都是不完整的。同样，野边山射电日光仪只能告诉我们一些被捕获的电子在做什么的信息。EOVSA能够监听100个不同的频率，每秒钟扫描所有这些频率一次。它还能对无线电的发射来源进行成像处理。对于2017年9月10日的这一事件，天文学家首次通过多个无线电频率同时拍摄耀斑照片。而对于重新联结后捕获的电子的分布情况，这些照片提供了更为全面的图像。天文学家们工作的结果大体上支持标准耀斑模型，但也证明：能够发现高能电子的范围要比原来设想的大得多。

　　然而，并不是所有的电子都被捕获了。正如焦瓦内利在 20 世纪 40 年代预测的那样，许多电子被迫离开了重新联结点。两个磁极性相反的区域担负着重新联结的任务，有点像地球上一对构造板块在相互靠近。在我们的地球上，板块相遇会造成强烈的地震。在一个重新联结的冕环中，它们会产生以 X 点为中心向外的巨大冲击波。1×10^{38} 电子被推向立足点，以接近光速的速度如洪流般倾泻而下。当冲撞进入下面密度更大的色球时，它们被迫迅速减速。如果你在汽车高速行驶时猛踩刹车，伴着刺耳的声音汽车会急速停下，橡胶轮胎在路上擦出火花，汽车的动能转化为声能和热量。快速减速的电子以 X 射线的形式释放能量。物理学家称其为轫致辐射（德文表示为 bremsstrahlung）。在发生太阳耀斑时，这些 X 射线会激活如 RHESSI 这类太阳空间航天器上的探测器。天文学家利用这些估算温度、密度和入射电子的速度，并将它们与标准耀斑模型比较。电子的速度没有下降到零。它们与色球中的物质发生碰撞，而碰撞通常会将这些物质的温度加热到惊人的 2000 万摄氏度，比日核的温度还高。在最强烈的耀斑事件中，日冕的温度可能达到1亿摄氏度。受到加热的色球以每秒数百千米的速度膨胀,在一分钟多一点的时间内,其大小膨胀到原来的1000倍,然后汹涌澎湃的超热等离子体填满了冕环,正是它们造成了耀斑。伴随而来的冲击波有时会冲向太阳表面,导致强烈的太阳日震,并以最高每小时100千米的速度在光球激起波澜。

• 聚焦

这个标准耀斑模型是一个很好的起点,但是还有很多我们不了解的地方。这是对正在发生的事情的概括性描述,但是我们还无法在其中加入更详细的细节。一部分问题在于,某些耀斑事件的规模太小,我们的太空望远镜无法看到它们。所有的数码照片都是由一系列像素组成的,即由一些微小的方块编织在一起形成了整体画面。在SDO图像中,每个像素通常代表一个400千米宽的太阳区域,任何比这小的事物都无法被分辨。如果你以类似的分辨率拍摄地球,那么伦敦和泰恩河畔纽卡斯尔(Newcastle-upon-Tyne)都将是同一像素的一部分。你看不到它们之间的任何东西,如高速公路线和铁路线,或者沿着线路行驶的汽车和火车。同样,如果你能更仔细地观察太阳,就能够比较容易地准确定量落在色球中的电子,或者准确地确定它们被运送到的位置。为了提高分辨率,你需要一台有着更宽的镜面的望远镜。幸运的是，最近人们在地面上建成了一些能够胜任这项任务的天文台。

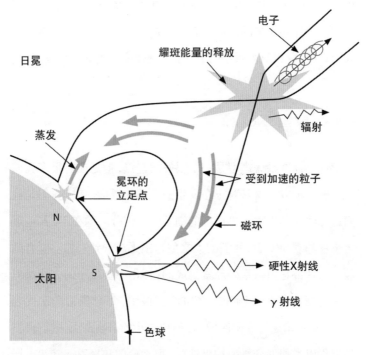

上图为标准耀斑模型的草图。磁重联让粒子四处横飞，释放出大量能量。

如果离开欧文斯谷调头南下，你会在威尔逊山正东的圣贝纳迪诺山（San Bernardino Mountains）高处找到"大熊湖"太阳天文台（Big Bear Solar Observatory）。它是由新泽西理工学院管理的,其管理机构和在更北的地方的EOVSA的管理机构是同一个。这座天文台的圆顶坐落在一条人造堤道上,堤道伸进了大熊湖(Big Bear Lake)平静的水面。冬天,滑雪者们在这里进行障碍滑雪活动,绕着俯瞰湖泊的大熊山(Big Bear Mountain)顶峰茂密生长的松树滑行。夏天,当游船和皮划艇在这里的湖面上行驶的时候,人们用望远镜仰望太阳。大熊山是1.6米古德太阳望远镜(Goode Solar Telescope, GST)的故乡,GST是以美国天体物理学家菲利普·R.古德(Philip R. Goode)的名字命名的。你还会在这里发现曾在第五章中出现过的世界范围内的GONG日震设备中的一个台站。水的冷却作用有助于将大气的扭曲作用降到最低,或者说,它至少在过去是这样的。加利福尼亚最近的干旱使湖水水位显著下降。GST的分辨率比SDO的高,它可以在大约70千米的范围内分辨太阳的特征。2009年,天文学家们首次使用它来观测太阳,但直到2015年年初,它的敏感光学系统才完全投入使用。2015年6月,"大熊湖"太阳天文台的天文学家们以前所未有的仔细程度观测了太阳活动区上方的耀斑,从那时起到现在,他们一直在仔细研究这些观测结果。2016年4月,他们发表并阐述了关于耀斑带(flare ribbon)的精细结构的内容和观点。耀斑带是由沿冕环磁拱排列的多个立足点组成的细长的精细结构。当电子撞击立足点时,会让这些区域变得更热、更亮。

多亏了GST，我们现在可以看到这些像由一串串明亮的结组成的绳子一样的耀斑带，它们的直径可以小到100千米。

经常有两条耀斑带从极性反转线（polarity inversion line，PIL）——将太阳上磁极性相反的区域分开的线上被分离出来。在2015年6月的耀斑爆发期间，天文学家观察到：当耀斑爆发时，其中一条耀斑带穿过了相关太阳黑子区域顶部的色球。他们还目睹了冕雨（coronal rain），即冷却中的等离子体在耀斑开始消退后向周围的色球回落。它是由磁感线向立足点汇集而形成的，结果短暂的局部光亮只持续了几分钟。研究人员利用这些事件来研究立足点本身的大小，发现它们的尺寸是以前太空望远镜所观测的X射线的1/100。如果立足点的面积较小，下落的电子数量就需要更多，这样才能产生我们在耀斑期间观测到的色球加热现象。

这样的观察有助于完善标准耀斑模型。另一个天文学家团队发表了对2018年1月的同一次耀斑事件的GST数据进行分析后得出的新结果。他们研究了迄今得到的最高分辨率的太阳磁图，根据此图，他们能够追踪耀斑带跨越色球运动的详细状况。他们也发现，由多个立足点构成的耀斑带非常狭窄。据估计，耀斑带本身约为1.3万千米长、570千米宽。当扫过太阳黑子区域时，它会让光球中的局域磁场逆时针旋转12~20度，从而临时性地重新排列了局域磁场。这些研究人员认为对此最简单的解释是：当电子以接近光速的速度向立足点运动时，产生了自己的磁场。当这些新的磁场与已有磁场发生作用时，磁场整体发生了螺旋式扭转。观察到的变化大小吻合标准耀斑模型预测的电子加速情况。然而，如果这些变化确实是由电子束引起的，则这一模式应该沿顺时针方向扭曲，而不是沿逆时针方向。这一研究报告的作者们的结论是，观察到的变化不可能通过现有的标准耀斑模型解释。为了得知究竟发生了什么，我们需要分辨度更高的太阳的照片；但这需要更好的望远镜。

• 需要新的望远镜

在2015年耀斑爆发的时候，GST是世界上用于观察太阳的分辨率最高的望远镜。这种情况将在2020年上半年有所转变，那时位于夏威夷（Hawaii）的丹尼尔·K.井上太阳望远镜（Daniel K. Inouye Solar Telescope, DKIST）将第一次投入使用。[1] 这台望远镜是以在1963到2012年担任美国夏威夷参议员的井上的名字命名的，斥资约3.44亿美元。安放望远镜的拱形建筑物已经于2016年夏季完工，但在此之后的工作一直面临重重困难。1年后，在警方护送下，直径4米的望远镜镜面被运上了夏

1　井上建太阳望远镜已于2020年1月传回迄今为止分辨率最高的太阳图像。

威夷毛伊岛（Island of Maui）上的哈莱阿卡拉火山（Haleakalā
Volcano）的顶峰。在一次局势很快便失控的和平示威之后，几
名抗议者被捕。因为某些神圣不可侵犯的问题，夏威夷土著
与天文学家们存在着长期冲突。当地人称山峰的顶峰为 *wao
akua*，即神明领域——他们相信那里是神灵降临地球时散步的
地方。近年来，夏威夷的其他望远镜项目都被延迟或者取消，
但 DKIST 看上去会被继续使用下去，因为其光学系统已经安装
就位。这一项目因为另一个原因——几次冰暴于 2019 年 2 月
袭击了天文台，而被再次推迟。速度高达每小时 200 英里的雪
与风肆虐峰顶，切断了那里的商业供电，再次让工程的工期延
迟了一两个月。但一旦进入工作状态，这台望远镜将每天追踪
太阳横跨天穹的轨迹，从日出至日落。

　　这台望远镜的镜片是一项工程学奇观，它的精确度经抛
光后达到了 1 米的 2×10^{-9}。它的结构可以实时被调整，以补偿
它在跟踪太阳期间因必须改变角度而受到的压力和拉力的影
响。与大熊湖的情况相比，在 3000 米的高度上，望远镜凝视天
空时受到大气的干扰较小。DKIST 的主要关注领域是太阳大
气的磁场。这台望远镜的分辨率比以往最好的望远镜高 2 倍，
在磁能向耀斑集中的时刻，它帮助天文学家们有导向地追踪光
球和色球的精细结构。它将能够分辨下至方圆 20 千米的结构。
这台望远镜将拥有几台用于特定工作的关键仪器，其中可见

光宽带成像仪（Visible Broadband Imager, VBI）可检测通过太阳大气的波；衍射限幅近红外光谱仪（Diffraction Limited Near Infrared Spectro-polarimeter, DL-NIRSP）可准确地绘制局域磁场的分布图与形状图。

在今后10年内，DKIST将会迎来一个来自大西洋彼岸的和它规模同样大的望远镜伙伴。直径4米的欧洲太阳望远镜（European Solar Telescope, EST）将于2021年在加那利群岛开始被建造。这片遥望非洲西海岸的西班牙群岛是世界上建立天文台的上佳地点之一，另外两个好地方是智利（Chile）的阿塔卡马沙漠（Atacama Desert）和夏威夷。天文学家们尚未决定究竟是在特内里费岛（Tenerife）还是在拉斯帕尔马斯岛（Las Palmas）上建造新的望远镜，即使这两座岛上现在都有望远镜。这两座岛气候适宜，经常有无云的晴天，都是建天文台的绝佳地点。它们的海拔高度在大熊山的海拔高度和哈莱阿卡拉的海拔高度之间，也就是说，无论有云与否，那里的望远镜经常都处在云层之上。EST的落成日期在2027年前后，这项由多个欧洲国家联合开发项目的预计总投资为1.5亿欧元。镜面本身重达2.5吨，将由640块宽12.5厘米的六边形玻璃瓦片组成。通过这种方式，天文学家们可以调整镜子的形状以抵消望远镜上空不稳定气流的模糊作用。液冷与空气抽吸系统将共同工作，带走聚焦太阳光产生的大量热能。望远镜将在一座38米高的五层建筑物里安家,这座建筑物具有特别设计的不寻常外观,用以最大限度地减少灵敏的光学系统周围的风流和不稳定气流的影响。它也能够承受速度高达每秒钟70米(每小时约150英里)的飓风的袭击。

• 更深刻的理解

天文学家们之所以投入如此巨大的努力,是因为他们非常希望获得更多有关重联触发方面的知识。为什么有些活动区会有耀斑而其他的没有?为了有更深刻的理解,他们必须在耀斑开始爆发的时候立即观察,跟踪观测太阳磁场是怎样在日冕中重新分布的。更为理想的是,让几座天文台同时开始观察,然后结合来自不同仪器的数据,给出可能情况下最全面的图像信息。这种情况实际上极为罕见。在SDO存在于太空中的最初6.5年的时间内,太阳上曾爆发了近7000次强大的耀斑,它们足以被列入较高的三个级别(C级、M级和X级);然而,其中只有40次得到了6台或者更多仪器的同时观察。人们观察到的耀斑大多数是偶然发现的,望远镜通常刚好在正确的时间指向了正确的活动区。不同望远镜的观察日程经常是很早以前预先安排的,带有互相之间无法调和的目的——太空望远镜无法在一个耀斑区内进行实时跟踪观察。

例如，太阳耀斑研究的最大千禧年计划（Max Millennium Program for Solar Flare Research）——可以对今后24小时出现耀斑的可能性进行预测，天文学家们可以通过它更好地协调所有的太阳观测仪器，并以更为一致的方式观察太阳。以前，如果多台仪器都捕捉到了同一个耀斑，天文学家们需要在每台望远镜各自的观察数据库里进行搜索。直到2017年，来自新泽西理工学院的一个团队才创建了交互式多仪器太阳耀斑数据库（Interactive Multi-Instrument Database of Solar Flares）——统一存储同一地区的来自太空和地基天文台的耀斑数据，这让人们能够更容易地得到关键信息。在2014年3月29日爆发的X级耀斑是证明太阳威力的一个极好例证，它成了有史以来受密切关注的耀斑之一——4台太阳航天器同时观察了这次爆发。人们取得了更多有关电子能量重新分布的方式的认知，从而进一步完善了标准耀斑模型，但对有关触发机制的了解仍然暂付阙如。

让更大的望远镜与天文台进行更好的协作并非解决这一问题的唯一方法。计算机技术的最新发展可以让天文学家们建立复杂的太阳计算机模型，并再次尝试创建虚拟的太阳耀斑。然而，太阳的磁场实在太复杂，所以这些模型经常需要大加简化。这让人们只能建立一维或者二维的模型，而不是三维的；或者一次只能专注于太阳大气的一小部分。这种情况在2018年年底有所改变，那时出现了一个以来自斯坦福大学（Stanford University）的马克·张（Mark Cheung）为首的太阳物理学家团队。他们推出了第一个有关太阳耀斑的计算机三维模型，它涵盖了太阳的各层，从深入对流层7500千米一直到日冕层以上40000千米。他们的模拟以活动区12017为基础——那是一个太阳黑子群，正是它造成了2014年3月29日的X级耀斑（人们对其进行了大量研究），以及其他3个M级耀斑和二十几个C级耀斑。

马克·张的计算机模型从一对具有相反磁极性的太阳黑子开始。然后他们在其中添加了一个强烈扭曲的磁流管，它向上爆发，从前导黑子偏北一点的对流层开始，穿过了光球——这和人们在AR 12017区看到的情况完全一样。马克·张和他的团队并没有强迫这个模型产生耀斑，而只是任由磁场力自行发展。这个区域最终发生了耀斑。因为新出现的通量"寄生"在已有的磁流管上，改变了局域磁感线的分布状况。大约1/5的新通量通过重联被重新定位。长期以来，人们一直认为新出现的磁流管与太阳耀斑有关；现在，第一次出现的完整的三维耀斑模型告诉我们，新出现的磁流管确实是其中的主要行为者。重新联结之后不久，在耀斑酝酿着达到顶峰之时，X射线的辐射上涨了100倍，然后在几十分钟后消失。只用了30秒钟，膨胀的色球便用热等离子体填满了1万千米高的冕环。其中温度上升到了2500万摄氏度。这看上去就像一次真正的太阳耀斑。但是,该模型没有一束来自日冕向下进入色球的高能电子。似乎不需要它们也能模拟空间环境以引发一个如同耀斑一样的事件发生。取而代之的是,当热等离子体在重新联结后被紧张的磁感线调整到弛豫状态时,X射线自发地产生了。他们得到的结论是:与过去设想的相比,从天而降的电子的作用或许更有限。因此,将进一步发展的计算机建模与来自下一代高分辨率太阳望远镜如DKIST和EST等的观察结果结合的做法理所当然。

· 如同洪水般的数据

认识太阳耀斑是至关重要的。我们将在第十章中看到,太阳上发生的爆炸足够强烈,其影响能够穿越太阳系来到地球,并带来潜在的毁灭性风险。一旦遭遇太阳耀斑爆发,正在进行太空行走的宇航员就会立即遭受相当于做100次胸部X射线照射的辐射。因此,出于这两个原因,我们将会因为具有预测耀斑的能力而受益:知道一次耀斑即将出现,我们就有可能采取躲避行动;同时,这可以帮助我们更详细地理解这些神秘现象背后的物理学理论。天文学家们已经注意到了一些基本指标,可以根据它们预测一个活动区是否可能即将爆发耀斑。例如,带有更大数量的本影和更复杂的磁通结构的较大太阳黑子往往会产生较大的耀斑。但是，对于准确地说出什么时候会爆发一次耀斑，我们的知识还远远不够。部分问题在于，可供人们分析的来自现代太阳观测台的数据实在太多。仅仅SDO一项，我们每天便能够得到1.5×10^{12}字节的数据。也就是说，一台望远镜一个月的数据量，多于从古到今世界上人们写出的图书中包含的所有信息量。所以，我们越来越多地转向向人工智能寻求帮助。近年来涌现了大量以算法和机器学习为基础的耀斑预测研究。机器学习是对人工智能技术的应用，即向计算机中输入数据，并让它自己学习，而不是由人类通过某种方式编程进行信息处理。同样的技术也广泛应用于现代世界中，从改进亚马逊的亚历克萨（Alexa）这样的智能问答装置，到在脸书（Facebook）上推荐新的潜在朋友。

2017年，日本的一个研究团队使用了三种不同的机器学习算法来研究太阳上的耀斑区域。他们随机打乱了SDO 5年间获得的有关耀斑X射线和紫外线发射的数据，然后把它们分为两组。为了弄清其中的潜在联结和触发耀斑的机制，他们把70%的数据输入了算法。接着，他们把从中得到的见解应用于剩下的30%的数据，看看通过算法是否能够预测一个活动区什么时候会爆发耀斑。他们重复这一过程10次，并算出了结果的平均值。人工智能的表现一直优于人类的。准确预测太阳耀斑爆发时间的能力是用一种叫作真正技能统计（True Skill Statistic, TSS）的方法来衡量的，得分范围在−1~1。在日本，每天都由国家信息与通信技术研究所（National Institute of Information and Communications Technology, NICT）发出有关太阳活动的预报。2000到2015年，NICT的预报人员对X级太阳耀斑预测的TSS平均得分为0.21，而表现最好的机器学习算法的得分为0.9（尽管并非人人都认可它们达到这样的高分的方式）。这些算法确认，同一地区过去发生的耀斑的情况和前一天的最高X射线强度是确认即将发生耀斑的非常可靠的指标。一个美国研究团队于2018年实施了一项类似的研究，这个团队的成员包括来自"大熊湖"太阳天文台的天文学家们。他们使用了另一种机器学习算法，研究SDO在2010年5月和2016年12月之间看到的X级耀斑的数据。他们的TSS得分为0.53，与人类主导的最大千禧年计划取得的成绩相当。这个美国团队发现，耀斑区域有类似的螺度（helicity），即一种衡量磁感线在多大程度上被扭曲与纠缠的测度。2017年，一个以他们的计算机耀斑三维模型为基础的法国团队也得到了类似的结论。他们发现，在他们模拟的爆发过程里，携带电流的磁流管的螺度比不携带电流的磁流管的螺度高好几倍。

• 在前面的暗条

太阳暗条也与耀斑有关。暗条是在太阳圆盘上蜿蜒出现的暗特征，是由被困在太阳大气中较冷的等离子体细线组成的。它们看上去比较暗，因为观测仪观察到的是分布在后面温度比较高的光球上较冷的物质。如果这条比较冷的等离子体细线是从太阳的边缘向外伸展的，那么它就是日珥。日珥看上去像是在太阳边缘跳动的火焰。暗条和日珥这两个词语经常互换使用。暗条和日珥是由沿着磁极性相反的区域之间的边界线形成的，而冷等离子体则受扭曲的磁感线影响始终处于高处。想象一个顶部有凹陷的冕环的磁拱，它看上去像麦当劳的标志，排成一排。被禁锢在凹槽中间较冷的等离子体变成了暗条。人们称这个主要结构为暗条的脊柱，但经常可以看到它上面长有"芒刺"。这些"芒刺"的根扎在光球上，经常混迹于寄生极性中间。暗条的大小范围为6万千米（差不多是地球直径的5倍）到60万千米。天文学家们已经将暗条分为三类：沉寂的、中间的和活跃的。沉寂的暗条的出现地点距离活跃的暗条的出现地点很远；中间的暗条则是那些较难归入其他两类的暗条。由于它们周围的背景磁场很平静，沉寂的暗条可以持续存在许多个星期。与此相反，在活跃的暗条周围，混乱的磁场迫使这里的暗条更快地进入不稳定状态。如果一个新出现的磁流管导致许多磁重联，那么大量暗条等离子体加速进入色球的现象就会出现，从而触发耀斑事件发生。2015年，一个埃及天文学家团队分析了在1996到2010年消失的暗条和太阳耀斑之间的关系。他们发现，总共有1676次太阳耀斑发生在693条暗条消失之后。多数情况下，如果1个消失的暗条能够引起1次耀斑，它就会引起好几次，有时候甚至多达15次。然而，消失的暗条中只有32%的暗条造成了耀斑。

暗条不仅与太阳耀斑的爆发有关，人们经常会发现，它们还与日冕物质抛射（coronal mass ejection, CME）关系密切。如果说太阳耀斑是大炮发射时炮口的闪光，则CME就是那枚炮弹——从太阳中被抛射出去的庞大的热等离子体物质。它们的来源是有关日冕的长期未解之谜之一，是两台激动人心的新空间航天器即将解开的谜团之一。

9

日冕之谜

如果解答一个问题过于困难，那么即使我们罗列解答它所做出的一切努力，也不等于我们已经解答了这个问题。

——汉内斯·阿尔文（Hannes Alfvén）

在慕尼黑近郊的一个航天器测试装置上，身穿连衫裤工作服，戴着面罩和头发网罩的科学家们正在努力工作。他们正在为最新的欧洲太阳航天器——太阳轨道飞行器（Solar Orbiter）进行最后的"装点打扮"，这是起飞前令人筋疲力尽的一年测试内容的一部分。这台探测器的主体是欧洲宇航防务集团参与制造的，于2018年9月被运往德国，以便在预定的发射日期（2020年2月）前进行全面检查。到达测试地点之后，这台200千克的航天器被放置在一个空旷的房间的中央，那里比医院还要干净。确实需要如此，因为人们绝不希望把一台价值10亿美元的航天器置于任何危险之中。哪怕是一粒微小的尘埃，也可能让一条电路失灵，或者让照相机的高清视线变得模糊。温度与湿度都经过了严格控制,手套和鞋罩的加入让科学家们的谨慎着装更加完美。

　　太阳轨道飞行器将比欧洲空间局(ESA)此前发射的任何航天器都更接近太阳。在它进入太空的头两年,航天器控制人员将利用地球和金星的引力,把这台飞行器投射到一个围绕太阳旋转的轨道上。这条轨道将变得越来越细长,飞行器在其上绕太阳1周将历时168天。它将纵身一跃,从比地球距离太阳更远的位置来到距离光球仅4200万千米的地方,甚至比距离太阳最近的行星——水星更接近太阳。一旦到了那里,它将遭受13倍于我们在地球上经历的日光强度的烘烤。太阳轨道飞行器的防热罩尺寸为3.1米×2.4米,同时它需要抵御500摄氏度以上的高温。太空条件如此恶劣,以至于人们必须在防热罩上安装一系列小滑门,来让这台飞行器的仪器窥视太阳。2018年12月,人们见证了关键的测试阶段之一:检查防热罩的功能是否达到了工作需要。飞行器被绞车拉进了一个很大的热腔,人们抽掉了里面所有的空气,以此模拟太空的真空环境。然后防热罩经历了代表太阳的灯发出的灼热的光的考验。由于带有多层钛(一种熔点高的金属)的防护和不同寻常的外层涂层,防热罩通过了测试。最上层的钛之上还覆盖着一层保护性"皮肤",叫作黑色太阳吸热物质(Solar Black),其厚度不到0.005毫米。这是特意为太阳轨道飞行器设计的,用磷酸钙制成。磷酸钙是一种看上去像木炭的化合物，可以通过将动物骨头燃烧后磨粉得到。我们的祖先曾经用这种物质在洞穴壁上画出了天空的图像，现在它又在帮助我们学习更多与离我们最近的这颗恒星有关的知识。

• 庞大的爆发

天文学家们不遗余力地靠近太阳，这样做的原因之一是他们想要揭示有关日冕的更深层的秘密。千百年来，人类在日食期间目睹了太阳大气最外面的这一层，但日食持续的时间很短暂，这让日冕变得如同谜一样高深莫测。20世纪30年代，在法国人贝尔纳·利奥（Bernard Lyot）发明了日冕仪（coronagraph）之后，我们对它的了解得到了显著的增加。日冕仪是一个圆形的金属盘，旨在利用透镜以遮挡太阳来人为地制造日食，让我们可以见到昏暗的日冕。第一台携带了日冕仪的空间探测器是NASA在1971年发射的第七颗轨道太阳观测台［Orbiting Solar Observatory（OSO-7）］。它很快就发现了太阳系中发生的最令人敬畏但又充满凶险的事件：日冕物质抛射。今天，许多太阳航天器上都安装了日冕仪，包括SOHO和太阳轨道飞行器。第一次改变了我们对这些抛射的理解方式的正是SOHO，它见证了有记录以来持续时间最长的太阳狂飙。在2003年万圣节前夜前后的两周,太阳肆意发起了一次现代世界前所未见的猛烈攻势。三处分立的活动区爆发了几十次太阳耀斑,包括被空间望远镜检测到的最大的那一次——巨大的X45级事件。它们伴随着一次又一次从太阳喷射出来的日冕等离子体齐射。11月4日,有人发现,一次日冕物质抛射正以将近每秒钟3000千米的速度爆发。人用这种速度旅行,心脏还来不及跳动一次,就已经从巴黎赶到了莫斯科。抛射裹挟的物质的重量超过了珠穆朗玛峰的。这次日冕物质抛射事件的波及范围很快就达到大于太阳本身面积的程度,在100万个地球那么大的空间中扩散。在太阳极大期,太阳每天可以发生2~3次CME,而且一天不落。天文学家们拼命尝试认识它们,因为等到它们到达SOHO这类放置于距离太阳1.5亿千米外的望远镜时,这些CME已经发生了巨大的变化。太阳轨道飞行器能够在早得多的阶段捕捉它们的信息,这将大大提高我们对它们的认知。

我们当前知道的是,CME和太阳耀斑之间关系密切。它们经常同时出现,而CME出现的机会随着耀斑规模的增大而增加——所有 X5 级耀斑出现的时候都会有CME与之携手共进。人们称它们为爆发耀斑(eruptive flare)。没有CME伴随的耀斑叫作受限耀斑(confined flare)。但CME也会在没有耀斑出现的情况下出现。所谓的隐形CME(stealth CME)喷发时,太阳大气中几乎无迹可寻。我们也看到，CME在一个活动区演变的任何阶段都有可能喷发，并不只是在新通量向上穿过光球时才会喷发。有时候，我们会看到CME在活动区之间出现，而耀斑不会以这种方式出现。因此，这两种巨大事件之间的准确关系现在还包裹在层层迷雾之中。但最近，如SDO等最新的航天器的观察结果，改变了我们关于它们之间的联系的想法。开始时，天文学家们认为CME是耀斑引起的，即冕环中扭曲与纠缠得越来越厉害的磁拱会导致磁重联，因此触发了耀斑，并让色球受热与膨胀，直至驱逐物质脱离日冕。然而，这种方式意味着，日冕等离子体的加速运动只有在耀斑开始之后才能开始。多亏了现代太阳望远镜的广阔视野，我们能够看到：在许多CME事件中，加速运动在同一区域发生耀斑之前就开始了。尽管有些太阳物理学家仍然坚持扭曲磁拱先后触发了耀斑和CME的想法，但大多数研究者越来越相信：耀斑和CME都是同一种"潜在疾病"的症状——不稳定的磁流管。

• 扣动扳机

正如前面的章节中所说，一根磁流管是由各种磁感线缠绕而成的"绳子"。它们有时候也叫通量绳（flux rope），就像一根跳绳，是用许多股扭曲的"细线"编结而成的。2017年，一个以来自伦敦大学学院（University College London）的亚历山大·詹姆斯（Alexander James）为首的太阳物理学家团队使用了来自SDO和日出卫星（Hinode）的数据，分析了在2012年夏季喷发的一次CME事件。他们观察了一个区域，发现那里有新的磁通量穿过光球在两个小型太阳黑子之间出现，并在2天之内迫使这两个小型太阳黑子进一步分开。这导致日冕内多个磁场区域相互环绕，增大了磁重联的可能性。有些磁感线重新分布，在冕环的一个磁拱上面形成了一条初期稳定的通量绳。2小时之后，通量绳变得不稳定了，在几个太阳耀斑爆发和一个CME喷发的同时，通量绳迅速向外膨胀。因此，情况可能是这样的，即一个CME有两个界限分明的阶段：触发阶段与驱动阶段。一个（或者多个）触发事件让新的通量绳在一个磁拱的上方形成，然后，一个驱动事件令通量绳变得不稳定并迫使它向外膨胀。研究这个问题的太阳科学家们已经考察了十几个可能的触发事件，从旋转的太阳黑子到光球中的会聚流。人们认为，它们全都在形成新的磁流管方面起作用。2019年3月，一个由来自奥地利和中国的天文学家组成的团队发表了他们的分析报告。他们研究了2013年5月在太阳的东北部边缘喷发的CME及伴随其出现的X级耀斑。他们观察到，在仅仅30分钟内，一大批小型磁流管（每根的直径通常为几千千米）相互剥离并重新联结，成为一根粗达100万千米的磁流管。然后它迅速导致了 CME 的出现。

  然而，是什么导致了这样的一次喷发呢？天文学家们正在考虑两种主要的可能性。第一个是耀斑重联（flare reconnection），即隐藏的磁拱促使耀斑爆发，这个过程产生了迫使通量绳爆发的能量。第二个是电流环不稳定性（torus instability）。一个稳定的通量绳处于完美平衡状态，它承受着来自上方磁场向下的压力，以及来自所谓环向力（hoop force，当电子沿着扭曲的通量绳以曲线路径行进时产生）的向上提升力。如果这种平衡被打破，通量绳将不再稳定。如果绳的立足点扭曲得越来越厉害，电子向着拱度更大的路线涌动并增加了环向力，这时就会发生这种情况。在日冕比较高的位置上出现的磁重联也可能会清除上方不少磁场，降低通量绳上方的压力。这两种情况中的任何一种都有可能发生，也可能是两种的混合。向上移动的绳将触发更多的重联，加速电子向下进入色球，为耀斑爆发充能。随着通量绳持续上升并膨胀进入空气越来越稀薄的空间，向下的力也一直在减小，进一步加速了通量绳的上升速度，这就导致了 CME（从日冕中放出了大量磁化等离子体的过程）的出现。这就解释了 70% 以上的 CME 开始于暗条或日珥处喷发的原因——暗条物质经常被禁锢在不稳定的通量绳之内。这也与以下事实——我们经常在一个爆发耀斑之前见到几个受限耀斑，有着良好的对应。如果每个未能喷发的耀斑都会扫除上方的一些磁场，它的防御就会越来越弱。这个图像也得到了最新的计算机模型确认。2018年1月，德国和日本的科学家实施了一次联合研究，在研究中重建了最初由重联产生后又因受到电流环不稳定性影响而上升的扭曲的通量绳。

· 从新的角度看太阳

但上述关于CME喷发原因的说法并非定论。我们需要像太阳轨道飞行器这样的新航天器才能知道更多的东西。它将探索太阳的一些我们从未见过的部分。例如，我们曾费尽心机地想要在邻近地球的地方看到太阳的两极。日冕的计算机模型对于两极磁场的强度极为敏感。在太阳轨道飞行器10年的探索期间，科学家们将利用金星的引力来增大它的倾角，直到它能够在纬度32°左右的地方观察太阳。现在，我们只能在纬度7°的地方观察太阳。新的视角将让我们的认识获得革命性的突破，使我们从前所未有的角度观察太阳的两极。而且，这些区域在太阳周期问题中扮演着非常重要的角色，因为太阳的磁极每过11年左右就会反转一次。如果能够更好地认识这个周期，我们就能够得到更多有关耀斑和CME这类事件的驱动力的知识，并为整个日冕建立更准确的模型。一台叫作"尤利西斯"（Ulysses）的太阳探测器确实曾在20世纪90年代飞越太阳的两极,但它是利用木星加大自己的轨道倾角的,这意味着它只能从比地球距太阳更远的地方观察太阳两极的状况。

人们仔细地为太阳轨道飞行器选择了轨道,以展示一部分我们在地球上看不到的太阳的侧面和背面。当前,要测量不正对着我们的活动区的磁场,我们只能通过日震学方面的研究来推断它们的存在,即检测通过振荡反射到面对我们这一侧的太阳的 p-波(见102页)。太阳轨道飞行器将直接对背面的这些活动区进行磁场测量。通过将这些观察结果与日震数据比较,我们可以看出:对于重现正在进行的事件,p-波法的效果是多么好。天文学家们在获得了有关背面的活动区的数据之后,改进了日冕的计算机模型,使其变得准确多了。因此,如果有了更准确的日冕图,人们就能进一步提高这些模型的准确度,也能够更清晰地看到太阳圆盘面向地球这一侧的活动区。在这个距离光球最近的位置上,太阳轨道飞行器的速度与太阳的旋转速度几乎达到了完美的一致。它将在太阳黑子群的上空盘旋许多天,在直接当顶的位置上把敏感的仪器对准它们。我们将会知道,我们看到的东西确实与太阳黑子有关,而不是太阳自转的结果。它也将绕过所谓的投影效应(projection effect),即在太阳边缘的太阳黑子的形状看上去明显比较扁平。这是因为:当它们离开地球与太阳之间的连线时,我们注视它们的偏角越来越大。太阳轨道飞行器的分辨率是SDO的2倍,它将研究太阳表面直径仅为200千米的区域的详情。人们将会通过高度灵敏的仪器测量光球中变化的磁场,并利用得到的结果估计磁场在日冕中的形状和分布。对于了解磁感线重联是如何驱动耀斑、日珥和CME的,这一点非常关键。

• 最大的谜

不幸的是,尽管具有了这些革命性的新能力,太阳轨道飞行器仍然无法直接测量日冕中的磁场的构型。这并不是因为它没有合适的仪器,而是因为太阳根本不允许它这样做。不知何故,日冕的温度通常高于100万摄氏度。通过观察塞曼效应——谱线受磁场影响分裂成几条的现象(见125页),天文学家们可以测量磁场的强度。磁场越强,谱线就分裂得越厉害。然而,日冕的高温导致了另一个叫作谱线变宽(line broadening)的效应。它把谱线变得很宽,让人无法清楚地看到塞曼效应。许多人认为,日冕有如此反常的高温,是太阳物理学中最大的谜团,没有之一。天文学家们将其称为日冕加热问题。

为了弄清这个问题为什么如此神秘,请想象自己从一堆营火边走开。你当然能预期到,自己走得越远就越觉得凉快。但离奇的是,发生在太阳身上的情况却并非如此。它的温度从日核的1600万摄氏度开始下降，一直降到光球的5500摄氏度，然后就又升高了，色球的温度是1万摄氏度，而日冕范围内的温度可以高达200万摄氏度。谁也不知道为什么。热能总是从温度较高的地方流向温度较低的地方。下雪天打开一扇暖和的房间的窗户，要不了多久，室内外的温度就会相同。在高温日冕中的热能不断地向下方较冷的光球散逸，也向冰冷的太空散逸——它们不会发生相反方向的热流动。如果没有别的状况，日冕中的等离子体会在大约1小时内冷却下来。所以，无论是哪种机制把日冕温度加热到了光球的200倍，它都一定在持续地这样做，以弥补失去的热能。

这是一个由来已久的不解之谜，我们已经在第二章看到了关于这个令人困惑的神秘现象的第一条线索。在1869年的一次日食期间，查尔斯·扬和威廉·哈克尼斯在日冕光谱中发现了一条前所未见的谱线（见33页）。此前不久，人们曾以这种方式发现了氦，所以他们认为这条谱线也对应着一种新的元素，并把它命名为"癔"。然而，扬和哈克尼斯认为发现了新元素的想法是错误的。这条谱线是铁这种非常普通的元素在温度特别高的时候产生的。直到20世纪40年代，人们才通过瑞典天文学家本特·埃德伦（Bengt Edlén）和德国物理学家瓦尔特·格罗特里安（Walter Grotrian）所做的工作知道了这一点。由于20年前让尼尔斯·玻尔获得诺贝尔奖的洞见，天文学家们已经知道,谱线是电子在一个原子内改变能级的结果。但是,没有符合这条瘰谱线的明显的电子跃迁。埃德伦和格罗特里安证明,它是一个铁原子通过电离丧失了26个电子中的13个电子后产生的。残存的一个电子跃迁到一个较低的能级上,释放了一个绿色光子——其中的谱线对应我们看到的瘰的谱线。然而,剥离一个铁原子中一半的电子,需要巨大的能量。剥离任何一个电子需要的能量都比剥离前一个需要的多。剥离一个铁原子中一半的电子,需要日冕的温度超过100万摄氏度。日冕加热之谜就此诞生。1945年,因为这一发现,埃德伦获得了英国皇家天文学会授予的一枚金质奖章。自乔治·海耳于1904年获奖以来,埃德伦一直保持着这一奖项最年轻获奖者的纪录。

• 寻找答案

天文学家们最初认为 p-波可能在加热日冕,于是最后用SOHO和SDO这些卫星上装载的日震仪器做了测量。人们在20世纪40年代提出了一个工作机理,即光球米粒运动产生了声波,它们向上运动穿过了色球和日冕,尽管他们当时还没有发现这种现象。在这种向上穿越的过程中,太阳大气的密度越来越低,于是波的自由度增加,尺寸也变大了。它们可能接着结合,从而形成冲击波,在小范围内产生了类似音爆(sonic boom）的压力急剧变化。如果这些冲击波中包含的能量转化为热能，就可能导致日冕的温度急剧上升。日冕非常稀薄，不需要太多的能量就可以被加热。SOHO的测量表明，在1997年，这些声波只携带了所需能量的10%。在达到能够加热日冕的程度之前，这些声波经常会被反射回光球。因此，人们接着把注意力转向另一位瑞典物理学家汉内斯·阿尔文的工作。

　　1908年，阿尔文生于瑞典的诺尔雪平（Norrköping），父母都是医师。他的母亲安娜－克拉拉（Anna-Clara）是瑞典的第一批女医师中的一位。和本特·埃德伦一样，阿尔文也于20世纪30年代在乌普萨拉大学学习，也都以诺贝尔奖获得者曼内·西格巴恩（Manne Siegbahn）为博导获得博士学位。人人都说阿尔文是个非常有趣的人，经常能够在短时间内说出笑话。他还是个旅行爱好者，能说五种语言。他的一位同事用有点自相矛盾的说法形容他：一个"温和的野蛮人"。他态度和善，但思想不拘一格。1942年，素负盛名的权威学术杂志《自然》（*Nature*）发表了阿尔文的一篇不足500个英文单词的通讯，它夹在一篇有关沼泽草地和另一篇有关一氧化碳化学的沉闷报告之间。在这篇通讯中，阿尔文描述了通过磁场的电流是如何让磁感线发生变化的。"它就这样形成了一种……波，而且就我所知，迄今还没有人关注过它，"他这样写道，接着又加了一句过于谦虚的话，"这种波在太阳物理学中可能会非常重要。"他甚至通过计算确定了产生这种振动——现在人们将其称为阿尔文波——所需的速度大约等于太阳黑子在太阳周期内向赤道运动的速度。这篇通讯的发表并没有赢得轰动性的喝彩,他也继续默默无闻地努力耕耘。

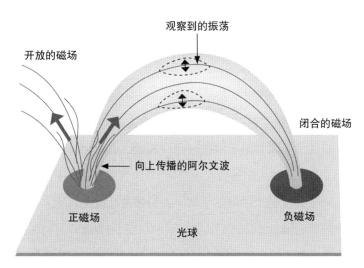

振荡磁感线建立了人称阿尔文波的磁力波。

阿尔文创建了磁流体动力学(magnetohydrodynamics, MHD),即对受电流诱导的等离子体磁性进行研究的领域。今天,它是太阳物理学不可或缺的一部分。我们在最近几章中遇到的所有计算机模型,包括第一个有关太阳耀斑的三维模型,都是建立在MHD和阿尔文方程的基础上的。在阿尔文的后半生,其他物理学家们终于意识到了他的发现的重要性,国际奖项接二连三地向他飞去。1967年,他和埃德伦一样也被授予了英国皇家天文学会的金质奖章。这两位瑞典人的具有里程碑意义的发现仅相隔1年发表,但人们几乎是在25年后才认识到阿尔文取得的成就。他于1970年,即3年后,获得了诺贝尔物理学奖。阿尔文于1995年4月在瑞典去世,这是在SOHO发射升空的8个月前,是在与他相敬如宾67年的妻子谢斯廷(Kerstin)去世的3年之后。

在阿尔文的通讯发表在《自然》杂志的69年之后,2011年夏,该杂志发表了另一个具有里程碑意义的关于太阳的发现。一个以天文学家斯科特·麦金托什(Scott McIntosh)为首的团队利用NASA的太阳动力学观测台,首次观察到了在太阳日冕上运动的强度较大的阿尔文波。人们过去已经在日冕上多次看到较弱的阿尔文波,但其强度都没有达到可以使日冕的温度提升到几百万摄氏度的程度。阿尔文意识到,在磁场中流动的电流会引起磁感线的运动。当太阳米粒穿过光球时会产生电流,电流接着会产生沿着磁感线振荡的波。当阿尔文波穿过达到了日冕温度的区域时,麦金托什及其团队看到磁感线在来回摆动。波以每秒200千米以上的速度运动,这一速度足够快,能够在3分钟多一点的时间里绕地球旋转1周。这些波推动并加速了等离子体,让它们进入太阳的大气层,就像在大洋中被波涛裹挟直冲海滨的冲浪者一样。人们认为,通过这种方式,高达1%的太阳能量可以被输入日冕中。

2019年2月，一个来自英国诺森比亚大学的团队发现了证据。该证据表明，这样的阿尔文波在太阳大气高处受到在光球形成的p-波的影响。这些阿尔文波本身是不能被压缩的，所以无法把它们挤压到一起形成冲击波。然而，当阿尔文波相互作用时，它们会产生可压缩的波，从而形成冲击。人们认为，这些冲击波以热量的形式发散了它们的能量，烘烤着日冕。这种情况似乎是在宁静太阳——不在太阳黑子群上的那部分太阳大气层——中发生的。在日冕的活动区中，阿尔文波无法胜任这项工作。人们认为，它们在这里的贡献不到25%。那还有什么别的因素呢？答案可能是纳耀斑（nanoflare）。

• 纳耀斑

纳耀斑是我们上一章讨论的太阳耀斑的微型版。"纳"是国际单位的前缀，意为"$1×10^{-9}$"。例如，1纳米就是$1×10^{-9}$米（1毫米的$1×10^{-6}$）。同样，一个纳耀斑释放的能量是一个传统耀斑的$1×10^{-9}$。但这些能量仍然相当于1000万吨当量的氢弹爆炸释放的，足以暂时性地把日冕加热到1000万摄氏度。在日冕完全冷却之前，另一个纳耀斑又会爆发。如果这样的微型爆发足够多，能够持续地在整个太阳圆盘上爆发，那就会把足够的能量输入日冕,维持日冕令人咂舌的温度。不幸的是,直接观察太阳上发生的这些微型爆发超出了当前的太阳望远镜的能力,因为它们通常发生的范围很小,低于可分辨的范围。然而,2015 年,一个管理极紫外正入射光谱仪(Extreme Ultraviolet Normal Incidence Spectrograph, EUNIS)的科学家团队发现了支持纳耀斑的有力证据。这个 NASA 的天空实验室是由一枚火箭发射的,在地球的大气层上空飞行了 15 分钟。活动区内 6 分钟的光谱数据便足以证明:如果确实有纳耀斑被引爆,那么它们足以将日冕加热到我们预期的温度。

我们或许无法直接观察纳耀斑,但我们已经见过人称微耀斑(microflare)的中等规模大小的耀斑事件。2015 年,天文学家们利用核光谱望远镜阵列(Nuclear Spectroscopic Telescope ARray, NuSTAR)X 射线望远镜观察太阳。这不是一个专门用于观察太阳的天文台,但每隔几个月,天文学家们就会在观察更广阔的宇宙的间隙中让它指向太阳。2017 年 6 月,这些天文学家公布了他们的发现,其中包括几次让日冕温度达到几百万摄氏度的小型微耀斑的详细情况。2018 年,一个以马泰·库哈尔(Matej Kuhar)为首的团队宣布了利用 NuSTAR 发现的宁静太阳中微耀斑的情况:它们的能量是一个 A 级耀斑(已经是最低级的耀斑了)的 1/1000,是最大的 X 级耀斑的 1×10^{-8}。2002 到 2007 年,NASA 的 RHESSI 航天器捕捉到了超过 2.5 万次与活动区有关的微耀斑。它们发生在与它们的那些更为强大的表兄弟相同的纬度范围之内,这说明它们可能需要类似的触发机制。但微耀斑本身尚不足以加热日冕,天文学家们仍然认为,重活还是纳耀斑干的。实际上,日冕加热的机制很可能是阿尔文波和纳耀斑合力的结果;但要进一步解开这个谜团,我们需要更进一步靠近太阳观察它。

纳耀斑这个术语是由美国太阳物理学家尤金·帕克在1988年提出的。2018年夏,NASA发射了一个汽车大小的革命性航天器——帕克太阳探测器,该航天器采用了帕克的名字。这是NASA第一次用一位仍然健在的科学家的名字为一台航天器命名。2017年10月,帕克来到洁净室,探访房间里与他同名的探测器。这台探测器于2018年8月12日成功发射,91岁高龄的帕克当时也在场。他说这是"一次探索世外桃源(Never Never Land)的旅程"。以他的名字命名的探测器正在向距离太阳更近的空间进发,那里是连太阳轨道飞行器也从未到达过的区域。它将勇敢地深入日冕,研究其深奥的千古之谜。2018年10月29日,在发射之后仅78天,帕克太阳探测器便打破了人造天体距离太阳最近的历史纪录——到达了距离光球只有约4300万千米的地方。或者说,日地距离是它的3.5倍。它在2019年4月又一次实现了这一壮举。预计在7年的工作期间,它将总共围绕太阳旋转24次。这台探测器将定期接近金星,从而降低它在地球发射时得到的横向速度,使其可以在太阳的引力的作用下被拉到一个更靠近太阳的轨道上。它最终将被加速到以每小时70万千米的速度围绕太阳旋转,这是人造空间天体速度的新纪录,是NASA的"新视野号"(New Horizon)探测器的速度的2倍以上,后者历时9年才"长途跋涉"到达冥王星。在最接近太阳的位置,它与光球之间的距离只有620万千米。这一距离是历史上最接近太阳的航天器与太阳之间距离的1/7。如果我们把日地距离按比例缩小到一个足球场的长度,并假设太阳位于一边的球门线上,那么帕克太阳探测器将位于禁区内。在这一有利位置上,太阳的视在宽度是我们白天在地球上看到的26倍。在类似的距离观看我们的地球时,它的大小看上去不到满月的1/4。

当被深深地镶嵌在太阳的日冕内部时,帕克太阳探测器的正面将被加热到1400摄氏度以上,这个温度足以熔化多种金属(包括铅、铜和铝)。那差不多是太阳轨道飞行器将要经历的温度的3倍。这台探测器的定制热防护系统(Thermal Protection System)拥有11.4厘米厚的防热盾——足以将背对太阳一侧的温度保持在人的正常体温以下。防热盾中间是一块碳泡沫板,两边夹着的板也是用碳制成的。泡沫板本身轻极,因为其中97%都是空气。NASA的科学家们使用图像最大化(IMAX)投射器来检测帕克太阳探测器的抗热性,并不断地加以改进,以增强抗热性能。并不是每个部分都可以躲在防热盾后面的,它的太阳能电池板侧翼就需要伸到外面,为探测器的电池充电。在每次探测器近距离接近太阳期间,这些电池板都必须被收回来放到防热盾后面,但一旦距离拉开,系统就会尽量把它们向外推,使其全力以赴地吸收探测器急需的能量。即使在这种情况下,它们能够产生的功率也只有388瓦,还不到一台洗衣机运转所需的功率。1加仑[1]水在电池板上循环流动,让电池板保持较低的温度。这些水处于高压下,这样其沸点可以提高到125摄氏度。机载计算机能够监测防热盾边缘周围的光照水平,并在它认为探测器的4套灵敏仪器中的任意1套即将意外暴露于太阳面前的情况下移动探测器。在这种情况下,探测器与地球之间是没有交流的,因为它专注于保护自己免遭严酷环境的损伤。

• 在太阳的大气之内

在日冕之内时,帕克太阳探测器能为我们提供有关太阳大气的测量数据。第一批数据于2018年9月公布,它们表明,4套仪器都运转良好。FIELDS装置第一次观察到太阳耀斑;能够描绘出日冕内的磁场的大小和形状,用于研究波、冲击力和磁重联。探测器于2018年11月第一次接近太阳期间,发现了纳

1　1加仑(美)≈3.785升,1加仑(英)≈4.546升。

耀斑加热日冕的证据。如果阿尔文波也参与了日冕加热，那么这台仪器也能够检测到它们，之后天文学家们便能够以前所未有的方式进行仔细地研究。SWEAP仪器也能够清楚地检测到这些波产生的影像。它能够测量电子、质子，以及来自光球和色球并加速进入日冕的较重的离子。沿着磁感线波动的阿尔文波对每种粒子的影响是不同的。因此，通过观察这些粒子运动的方式，我们将能够得到更多有关波本身的信息。如果日冕加热基本上取决于纳耀斑，那么我们预期会看到高速运动的粒子从X点喷射，情况与传统的大型耀斑的相同。我们将第一次详细评估阿尔文波和纳耀斑对整体日冕加热现象的贡献。和太阳轨道飞行器一样，帕克太阳探测器将能够在太阳上空的同一点上盘旋，研究局域加热是怎样随着时间演变的。这台航天器甚至有可能揭示某种我们过去从来没有考虑过的加热机理。2019年2月，NASA的"虹神"号（IrIs，科学卫星）发现了一个诱人的线索——它目击了从强磁场区域向上喷涌的蝌蚪状的喷射流。计算机模型显示，它们或许会携带足够的能量与等离子体进入日冕并加热它。帕克太阳探测器可能会告诉我们更多的信息。

　　但帕克太阳探测器不仅力图回答日冕加热问题，也将通过IS·IS仪器帮助我们更好地弄清楚是什么在驱动CME和耀斑。在高能粒子向外加速时，该仪器对它们进行测量。鞋盒大小的大视场成像仪（WISPR）是四重线仪器组的最后一环，是探测器上携带着的唯一照相机。大视场成像仪能在CME从太阳表面升空并流入外层日冕后不久为它成像。仅仅30分钟之后，这次CME就将从帕克太阳探测器身边呼啸而过，让其他仪器能够测量喷射流体内的磁场，以及它携带着哪些粒子、粒子的运动速度是多少。在有帕克太阳探测器和太阳轨道飞行器之前，我们必须一直等到CME爆发4天后来到地球时才能对其进行检测。而到了那时，很大一部分关键信息已经丢失了。只有在探测器飞到距离我们的恒星这么近的地方时对CME进行检测，我们才能得到更多有关它的那些令人迷惑的事件的信息。

• 合作者而非竞争者

认为帕克太阳探测器和太阳轨道飞行器是竞争者的观点是错误的，尽管它们是在不到2年的时间之内相继发射的。事实上，NASA也对那台欧洲航天器做出了不小的贡献。它们在许多方面是合作伙伴。帕克太阳探测器为了大胆地接近太阳，付出了很大的代价。科学家大大地限制了航天器的总重量，减少了它能携带的科学仪器的数量——只有4台，而太阳轨道飞行器携带了10台。帕克太阳探测器打破了航天器距离太阳最近的纪录，而这意味着它无法正面凝视太阳：那里的日光实在太亮了。太阳轨道飞行器更为安全的有利位置距离太阳远一些，在那里它能够同时直接使用照相机和分光镜。太阳轨道飞行器能够研究在太阳上发生CME的位置，然后，帕克太阳探测器和太阳轨道飞行器都可以在CME来到它们各自所在的位置时对它取样。有史以来第一次，天文学家们能够把以下结果结合起来：对CME包含物的早期直接测量，以及它来自太阳的地点和可能触发它的条件的远程成像。如果同一次CME继续向太阳轨道飞行器飞去，天文学家们就可以看到，它在远离太阳进入太阳系空间的过程中是如何演变的。

像位于夏威夷的DKIST项目这类地基太阳观测台也能发挥它们的作用。有些时候，太阳的活动是可以被三组仪器同时观察到的。这将给我们一个无可比拟的机会来把这些事件展开的过程查一个水落石出。按照当前的进程，这三组仪器都应该陆续可以投入运转，同时可能还有一台叫作"普罗巴-3"（Proba-3）的航天器加入它们的行列。它的发射日期当时定于2020年年底。这是欧洲空间局的一个项目，由一对小型卫星组成，彼此相距150米编队飞行。它们可以自动发射气体助推器，确保维持这一距离且准确到毫米级。其中一台卫星将挡住阳光，另一台研究日冕。

我们正处于一个划时代的时刻。过去，我们从来没有为了认识这颗距离我们最近的恒星而如此齐心协力过。许多我们正在试图解开的谜团与一个共同的焦点人物有关：尤金·帕克。我们很清楚地知道，为什么NASA选择以他的名字为帕克太阳探测器命名。他是第一批弄清了磁重联物理学基础的人中的一位，大大加深了人们对于太阳发电机的理解，并提出了纳耀斑是导致日冕加热问题的可能因素的观点。他取得了巨大的成就，为了感谢他的贡献，以他的名字命名的探测器携带了一块写着他的语录的铭牌："让我们看看前方有些什么。"这几个字下面是一张存储卡，其中记录着100多万公众的名字（包括我自己的），他们在探测器发射之前的几个月内于NASA的网站上签下了名字。这张存储卡上也记录着或许是帕克对太阳物理学做出的最伟大的贡献：一份他于1958年写下的非常有影响力的科学论文的抄本，即他的成名之作。论文的主题是太阳风。

9

太阳风

> 只要你有了杰出的想法，就必定会有人跳出来批判、否定它。

——尤金·帕克

1927年6月10日，尤金·纽曼·帕克生于美国密歇根州的霍顿（Houghton, Michigan）。仅在帕克出生的2年前，塞西莉亚·佩恩在哈佛大学完成了有关恒星大气层的具有里程碑式意义的博士学位论文。帕克9个月大时，乔治·伽莫夫发表了有关量子隧穿问题的影响深远的想法。美国当时正处于大萧条的前夜，所以人们关于太阳探测器的想法只不过是一个白日梦。

帕克本人承认，他在童年时期充满着对日常事物机理的遐想。他永无休止的好奇心在中学时代变成了对物理学的热爱之心。科学一直存在于他的家族基因之中——他的祖父和叔叔都是物理学家，而他的父亲是一位工程师。等到他于20世纪40年代在密歇根州立大学求学的时候，日冕加热问题已经被埃德伦和格罗特里安提出很长时间了。他在科学的道路上继续前进，并于1951年在加州理工学院——乔治·海耳把这个素负盛名的大学变成了太阳物理学家的一方乐土，获得了博士学位。海耳那时早已去世。帕克是巴布科克的同代人，事实上，正是在他被授予博士学位的同一年，那对父子组合发明了具有革命性意义的磁像仪。当帕克于1955年加入芝加哥大学时，我们的世界正处于人类历史上科技飞跃的风口。1957年10月4日，苏联向太空中发射了人类历史上的第一颗人造卫星——"斯普特尼克1号"（Sputnik 1），它是我们在这颗星球存在的20万年中制造的第一颗围绕地球旋转的人造天体。为了不顾一切地跟上冷战对手的脚步，美国总统德怀特·戴维·艾森豪威尔（Dwight David Eisenhower）于1958年7月29日创建了一个新的政府机构：美国航天局，就是今天众所周知的NASA。

• 迷人的彗星

仅仅4个月之后，帕克发表了如今随着他的同名探测器一起飞行的论文：《星际气体与磁场之动力学原理》（*Dynamics of the Interplanetary Gas and Magnetic Fields*）。文章开篇便复述了德国天文学家路德维希·比尔曼（Ludwig Biermann）在20世纪40年代末和50年代初所做的工作，他试图解释彗星表现出那种形状的原因。这些成分中包含冰物质的小天体是当年太阳系形成时被废弃的原料,如今在行星际空间中巡游。它们在高度拉长的轨道上运动,看上去像是来自不知多么遥远的天边,却突如其来地投入了太阳系的怀抱。彗星身后拖有闪光的长尾巴,它的方向似乎永远指向远离太阳的一边。难道是有什么东西把它们的尾巴从太阳的大气向外吹去吗?你能够透过天空的条条痕迹看到背景中的繁星,这一事实似乎说明,它们一定非常稀薄。它们虽稀薄,但单靠阳光的压力是无法把它们挤走的。

1947年,比尔曼提出,太阳发射了一些别的东西。随后他将之命名为"太阳微粒辐射"(solar corpuscular radiation)。这是隔空向牛顿致意,因为他是提出光本身是由小颗粒(当时叫作微粒,现在叫作光子)构成的猜想的先驱。根据比尔曼的计算,这种额外的辐射必定是从太阳向外流动的,速度为每秒500~1500千米。如我们所见,亚瑟·爱丁顿是曾以一己之力让太阳物理学大步向前发展的科学家之一,他早在1909年就突发灵感有了类似的想法。他当时正在研究格林尼治天文台于1908年拍摄的莫尔豪斯彗星(Comet Morehouse)的照片。1909年3月26日星期五,也就是乔治·海耳第一次在太阳黑子上看到了塞曼效应仅仅9个月之后,爱丁顿发表了如下讲话:

尽管这些有关太阳状况的最新发现还无法解答我们心中

的疑惑，或者还无法让我们认识那种震动了数百万英里的彗星
并将它延绵的碎片散布到极为遥远的地方的力量，但我们很难
否认它们的意义。

• 一个充满争议的想法

帕克于1958年发表论文时正好31岁，该论文是第一篇对
有关太阳微粒辐射这一问题做出具体回答的论文。他证明，比
尔曼提出的微粒辐射是日冕被加热到100万摄氏度的自然结
果。在这种极高的日冕温度下，原子被剥离了电子，变成了
带有电荷的离子。日冕中的温度非常高，在这些离子和电子
中，有一些能量足够高，足以使其脱离太阳引力向四面八方冲
击，进入太空中。帕克把这些持续咆哮的"狂风"重新命名为
"太阳风"。它开始吹得很慢，但速度在距离太阳大约5个太
阳直径以外的地方达到了超声速。太阳风不仅将离子和电子
抛入太空中，还把太阳的磁场拉进了太阳系的深处。帕克的
论文里有一幅有关行星际场形状的图像，现在人称帕克螺旋
（Parker spiral）。他预言：太阳自转会使太阳风中的磁感线扭
曲成螺旋形，变成与由旋转的草坪洒水机喷射出的水类似的
形状。

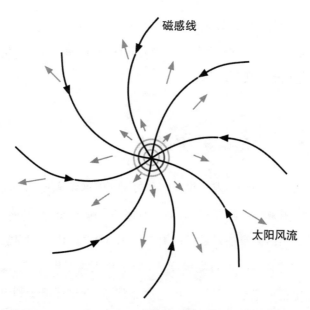

帕克预言，太阳风会将太阳的磁场以螺旋形状拉向太空。

　　开始时，帕克的想法遭到了多方质疑。在《天体物理学报》（*Astrophysical Journal*）上成功发表之前，他的论文遭到了两位审稿人的否定。大部分天文学家坚定地认为日冕是静止的，不会向外膨胀到地球轨道那么远的地方，更不要说地球轨道之外了。帕克的论文最后得以发表，只是因为该杂志的编辑苏布拉马尼扬·钱德拉塞卡（Subrahmanyan Chandrasekhar）力排众议，否决了两位审稿人的意见。就像终章内容所说的那样，钱德拉塞卡本人曾经很可能在逆境中披荆斩棘，以至让自己革命性的新思想得到了主流学术界的承认。幸运的是，空间时代随之降临:在"斯普特尼克1号"升空之后,一支支由空间探测器组成的"无敌舰队"被送入太空。它们会迅速地检验帕克的想法,其中一台探测器就是"水手2号"(Mariner 2)。它在1962年前往金星探测,成功地完成了探索除地球之外的另一颗行星的使命。马西娅·诺伊格鲍尔(Marcia Neugebauer)和康韦·斯奈德(Conway Snyder)为"水手2号"设置了一套实验装置,以便一劳永逸地证明帕克的想法是否正确。

• 扬帆探索太阳风

马西娅·诺伊格鲍尔于1932年生于纽约市。她的母亲是曼哈顿(Manhattan)的一位名媛,但她本人更喜欢学校教育和体育运动,后者包括篮球、足球、滑雪和垒球。她真正热爱的是科学,但在追求科学的道路上遇到了许多障碍。大二那年,她的指导教师菲利普·莫里森(Philip Morrison)告诉她:"女孩子不宜以物理学为主科。"尽管如此,马西娅仍旧坚持己见。她更换了指导教师,并于1954年毕业拿到了学位。她在就读康奈尔大学时遇到了格里·诺伊格鲍尔(Gerry Neugebauer)。他们开始是实验搭档,后来坠入爱河。毕业后马西娅转到了伊利诺伊大学(University of Illinois),格里则去了加州理工学院。随后两人结婚,马西娅也搬到加州与丈夫同住。她问格里的领导,自己能不能在加州理工学院拥有一个职位。加州理工学院在太阳物理学方面取得了很大的成功，但不接受妇女。格里的领导告诉她："一个女人还想在这里工作？这简直太搞笑了。"马西娅只好在11千米外的喷气推进实验室（Jet Propulsion Laboratory, JPL）里找了个工作。然而，"斯普特尼克1号"的升空改变了世界。1958年12月，也就是帕克的论文发表1个月后，JPL变成了NASA的一部分。正是在这里，马西娅和康韦·斯奈德一起发明了太阳粒子辐射静电粒子分析器（Solar Corpuscular Radiation Electrostatic Particle Analyzer, SCREPA）。两人合作得很好，但偶尔也会就学术问题爆发大战，并因此而闻名一时。1916年，他们设计的装置搭载"徘徊者1号"（Ranger 1）和"徘徊者2号"（Ranger 2）探测器起飞。但探测器发射失败，所以它们没能在地球上空飞得足够高，也就无法去寻找帕克认为存在的太阳风。他们再次尝试，在9个月后把装置放在飞往金星的"水手1号"航天器上。结果程序编码中的一个连字符打错了位置，导致火箭在离开佛罗里达（Florida）的发射架之后偏离了航向。科学家无法确定它将飞向北大西洋中的大洋航线，还是会飞向人口稠密的地区，只好在火箭发射293秒后摧毁了它。

马西娅仍未放弃。最终，她设计的另一台SCREPA实验装置总算搭乘"水手2号"航天器成功飞入了太空。刚一运转，它便成功地捕捉到了太阳风，而且在飞向金星的4个月的巡航期间一直能够检测到等离子体流。这是太空时代早期的伟大发现之一，与它相关的消息登上了《纽约时报》的头版。关于超声速太阳风的性质，"水手2号"的测量结果与帕克在1958年预测的一致。这台航天器也同样揭示：太阳风是由两种不同的等离子体流构成的，其一为速度低于500千米/秒的慢速风，其二为速度高于500千米/秒的高速风。这两种等离子体流每隔大约一个月重复出现一次，与太阳的自转周期吻合。"水手2号"在帕克螺旋的旋臂之间穿行。太阳风到达地球时已经极为稀薄了。根据"水手2号"的测量，每立方厘米的空间内平均只有5个离子，这是现代化最高的实验室配备的超高真空室的腔内粒子数的1/1000。与此相比，在海平面上，每立方厘米的空气中大约有3×10^{19}个分子。然而，为了让我们在太阳系的这样一个小小的角落里接收数量如此多的太阳风粒子，太阳必须每秒钟不漏地发射1.3×10^{36}个离子，也就是每分钟发射9000万吨等离子体。从你阅读本章开始，太阳因为太阳风而损失的质量超过了地球上所有人加在一起的体重。自从恐龙在6600万年前灭绝以来，太阳因太阳风已经损失了有大约半个地球的质量。

• 来自阿波罗（Apollo）的回答

当太空竞赛愈演愈烈之际，我们有关太阳风的认识也在不断提高。NASA 在 1969 到 1972 年间分别发射了 6 台航天器,让12 名宇航员成功登陆月球。除了最后发射的"阿波罗 17 号",其余航天器都携带了太阳风组成分析(Solar Wind Composition, SWC)实验装置。"阿波罗 11 号"的 SWC 是来访的宇航员在月表上设置的第一台实验装置。我们将在下一章看到,地球自己的磁场为我们挡住了大部分太阳风。月球上几乎没有这一层保护,太阳风粒子经常轰击月表。阿波罗的宇航员们沿着一根伸缩杆铺了一张铝箔来收集这些粒子。每次登月使命结束后,宇航员们都会卷好铝箔,把它放进一个由聚四氟乙烯制成的袋子里带回地球,让翘首以待的科学家们分析它。那张由"阿波罗 12 号"带回的袋子里的铝箔上竟有 1 克重的月球尘埃——通过把铝箔暴露在超声波下剥离出来。科学家们发现,太阳风粒子在铝箔上的镶嵌深度只有 0.0001 毫米(约等于感冒病毒的直径)。然后他们把铝箔放在一个真空室内熔化,让检测器在离子自由析出时捕捉它们。这些实验证实,超过 95% 的太阳风都是由质子和电子组成的,其他的是由重一些的离子组成的。阿波罗实验检测到的各种气体粒子包括氦 -3、氦 -4、氖 -20、氖 -21、氖 -22 和氩 -36。"阿波罗 12 号"和"阿波罗 15 号"也携带了马西娅·诺伊格鲍尔和康韦·斯奈德设计的太阳风光谱仪(Solar Wind Spectrometer, SWS)实验装置,用以检测太阳风的组成。宇航员们在操作这种仪器的时候并不是很准确,所以马西娅在分析的时候必须考虑仪器本身未经过良好校准的因素。

• 太阳上的洞

　　登月之后，NASA开始专注于建造供宇航员环绕地球飞行时居住的空间站。1973年，他们发射了天空实验室（Skylab），其中包括由8台不同仪器组成的太阳观测台。他们用摄影胶片捕捉太阳的形象，由回程宇航员将胶片带回地球。在我们所处的现代数码时代，空间站成员不得不为了手动更换胶卷筒而实施空间行走，这似乎是不可思议的。今天，它们被放在华盛顿的海军研究实验室（Naval Research Laboratory in Washington）的一个防火舱里。两个安放在太空实验室中的X射线望远镜检测到了冕洞，就是在日冕上比周围区域更稀薄、温度更低的暗淡区域。这些冕洞可能非常庞大，并一次持续存在好几个月。例如，2015年10月，SDO拍摄到了一个相当于地球直径50倍宽的冕洞。它们其实代表了太阳的日冕磁场（coronal magnetic field）的开放区域，与我们在以前的章节中讨论过的闭合的冕环不同。只要能够克服太阳的引力，任何沿着开放磁感线加速的等离子体都可以自由离开或进入太空，而不必形成拱形返回色球和光球。

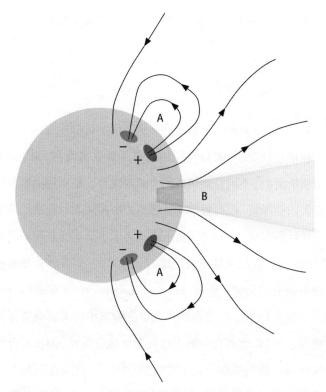

开放的磁场区域（B）没有返回太阳。这些冕洞是高速太阳风的
起源地。

太阳的两极是经常发现冕洞的地方。1994年，NASA与
ESA联合发射的"尤利西斯号"开始了三次扫过这些高纬度区
域的第一次。那一年，马西娅·诺伊格鲍尔成为美国地球物理
联合会（American Geophysical Union）的第一位女性主席。她

分析了许多来自"尤利西斯号"的数据。这台航天器为人们提供了在太阳系平面以外观察太阳风发源地的视野，从而让人们发现，速度比较快的粒子流是从长期存在的极地冕洞中流出的。后来，SOHO的观察结果显示，冕洞中的热等离子体被引导到了光球上空大约2万千米的磁漏斗中，并以大约每秒10千米的速度向太空扩散。这也表明，来自冕洞以超声速运行的高速风远比速度较慢的太阳风更加靠近太阳。2018年，一个以斯蒂芬·海涅曼（Stephan Heinemann）为首的天文学家团队发表了他们的研究报告，其中分析了一个2012年间在太阳的10个自转周期内始终存在的冕洞。他们观察到它的生命周期有三个不同的阶段。在大约3个月的时间里，它的大小增加了9倍以上，然后保持这个大小存在了1个月，接着逐步消亡，直到3个月后无法被检测到。海涅曼及其团队证明，速度最快的太阳风到达地球的时间与冕洞大小达到最高点的时间相同。如果太阳轨道飞行器的倾斜度达到一定程度，它就能在太阳的较高纬度地点观察这些极地区域，并会让我们看到这一过程中前所未有的细节。

· 仔细研究慢速风

与太阳轨道飞行器不同，"尤利西斯号"在更接近赤道的区域紧紧盯住了慢速太阳风。慢速太阳风与一种叫作拖缆带（streamer belt）的赤道带紧密相关，那里是日冕中头盔状结构的所在地。这种结构可以在日食期间被看到，也能被带有日冕仪的人造卫星看到。这些拖缆带是在磁场闭合回路毗邻开放磁感线的地方形成的。我们也可以看到不带明显棱角的伪拖缆带。单凭日冕的热能不足以使慢速风粒子的速度加快达到超声速，因此必定有另一种过程在起作用。有人提出了一种叫作交换重联（interchange reconnection）的机理。如果一个活动区在冕洞附近的太阳大气中出现，那么一个磁场线闭合的新区域就会紧靠已有的小块开放磁场线区域出现。在这个活动区成长时，它能够迫使邻近的磁场线相靠拢，并在冕洞的边界上触发磁重联。这将关闭一些冕洞磁场，打开一部分活动区的磁场，允许热等离子体沿着开放磁场线得到加速，并以慢速太阳风的形式向空间喷射。2019 年 4 月，美国天主教大学（Catholic University of America）物理学博士研究生埃米莉·梅森（Emily Mason）发表了对沿着开放磁场线下落的冕雨（coronal rain）的观察结果。过去，太阳物理学家们认为这种雨只可能以闭合回路的形式存在。或许重联能将物质转移到开放磁感线上？梅森认为，等离子体也可能正在沿着相反的方向运动，或许会形成一部分慢速风。尽管天文学家们已经在开放磁场线区域多次见到日冕喷射（coronal jets）——磁重联的标志，但迄今尚

未直接观察到太阳上正在进行的交换重联。帕克太阳探测器
很可能有手段看到这种现象。

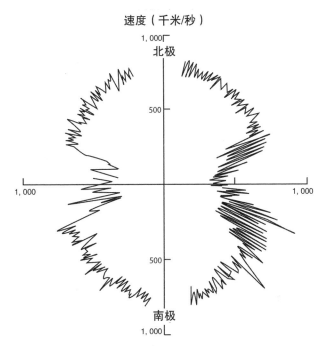

太阳风通常以慢速风（来自赤道）和高速风（来自两极地区）两
种流动形式出现。

　　与此竞争的另一种解释叫作膨胀因子模型（Expansion
Factor Model, EFM）。这种解释认为，形成慢速风的机理与形
成高速风的机理并无不同，差别仅仅在于膨胀的大小。不一定

需要重联才能打开磁场线。热日冕区域膨胀的快慢决定了物质喷射的快慢——膨胀越快,风就越慢。这种说法听起来似乎有悖常理,但规模小的膨胀会把向外的等离子体流聚集在有限的面积上,等离子体被高速喷射出来后加入了高速太阳风。规模大的膨胀会稀释向外的等离子体流,导致形成速度较慢的太阳风。这一层关系是由王一鸣(Yi-Ming Wang)和尼尔·希里(Neil Sheeley)在他们发表于1989年的论文中首先提出的,他们在其中证明,EFM可以重建过去22年的太阳风数据。密度更高的物质膨胀得更快,因为它更热。一个冕洞边界上的开放磁场线区域的密度大于冕洞中心区的,因此它们膨胀得更快,所以可能是慢速太阳风的发源地。这种解释也符合太阳风取样航天器得到的结果。这些结果表明,慢速太阳风中的喷射物质的密度大于高速太阳风中的物质的密度。这些取样航天器中的一个是"创世纪号"(Genesis)。"创世纪号"发射于2001年,是马西娅·诺伊格鲍尔重点参与的另一个项目。这是"阿波罗"系列航天器登月以来第一次执行的携带空间物质返回地球的航天任务,也是第一次在月球轨道以外的位置这样做。但并不是每件事都按照计划做到了尽善尽美。有人把加速度计装反了,而返回舱于2004年因为降落伞未能打开而坠毁。谢天谢地,其中有些太阳风粒子样品未曾受到影响。

• 目标,上游!

选择膨胀因子模型还是交换重联模型,这是一项艰难得让人抓狂的任务。太阳风是在经历了漫长的旅行后才来到我们身边的。它通常需要4天才能到达地球。让我们把太阳风想象为一条由怒吼着的热日冕瀑布形成的"河流"。我们过去的大部分太阳航天器都部署在离河流下游源头处1.5亿千米的地方。瀑布喷射到河里后减弱为涓涓细流,而其他部分在到达的时候随着涟漪散了。人们如此大声疾呼:要让帕克太阳探测器和太阳轨道飞行器这类新航天器进一步向上游挺进。我们需要在靠近源头的地方给太阳风取样。这个关于选择交换重联还是膨胀因子模型的争论的最后仲裁者可能是太阳风中的重离子。与质子和电子不同,它们的质量范围很大,而这一点决定了它们将会在任何产生慢速风的过程中受到多大程度的加速。它们是最终的太阳"侦探故事"中最重要的"指纹"。例如,太阳轨道飞行器上的太阳风分析仪(Solar Wind Analyzer, SWA)中包含三个分开的传感器,分别检测太阳风中的电子、质子和重离子。与过去的任务相比,它能够在一秒钟内测量更多的数据等,并能更好地评估运动中的粒子的能量强弱和方向。帕克太阳探测器中的SWEAP仪器也将做类似的事情。但这场"战役"只算是打了一半,人们还得知道这些离子来自太阳的什么地方。太阳轨道飞行器的照相机将为来到探测器中的太阳风样品的来源区域拍下影像,天文学家们将有关日冕的广泛测量数据与在上游位置上捕获的重离子样品结合起来考虑,可以得出:这些样品来自距离这里3.5倍于日地距离的地方。

• 一路颠簸

当前,让天文学家们烦恼的还有另外两个有关太阳风的不解之谜。第一个是,为什么我们看到的吹过地球的慢速风变化如此之大。我们现在在地球周围部署了日夜运行的航天器:Wind卫星和ACE卫星。它们分别于1994年与1997年发射。以Wind卫星为例,它每秒钟对太阳风进行11次磁测量,每3秒钟做1次粒子观察。在1999年5月的2天中,到达这两颗卫星的太阳风被削弱了98%以上。太阳风的密度经常加倍,磁场强度上下起伏高达1000%。第二个是,为什么它的温度如此之高。当太阳风从太阳向外膨胀时,它的密度下降,磁感线通过冰冷的行星际空间向外辐射。当太阳风来到我们身边时,它的温度应该是以前的1/70。

对于这两个不解之谜的解释可能都归结于同一个基本过程:湍流(turbulence)。你通常可能把这个词与航空旅行相联系。当一架飞机穿过一个区域,并且那里气流的速度与方向变化很大时,机翼周围的气流就会动荡不定,飞机便会颠簸不已。

你也可以在河流中见到湍流。人称涡旋（eddy）的漩涡会出现在水的流速不一样的地方。当太阳风中的物质以不同的速率传播时也会出现类似涡旋的现象。2019年年初，NASA的磁层多尺度（Magnetospheric Multiscale, MMS）任务的4台航天器飞过了靠近地球的湍流太阳风。它们如同珍珠链一样排成垂直于太阳风流的一队飞行，相邻飞行器之间距离25~100千米。经过分析之后，这些结果将为我们提供一些迄今有关太阳风湍流最准确的测量数据。

　　另一个测量太阳风湍流的方式是观察划过它们的彗星。STEREO是2台以观察太阳和太阳风为目的的几乎完全相同的航天器。2015年，一个以克雷格·德福雷斯特（Craig DeForest）为首的天文学家团队利用STEREO观察了恩克彗星（Comet Encke）。STEREO航天器是2006年发射的，2台航天器分别放置在围绕太阳的不同轨道上：一个在地球之前，另一个在地球之后。利用这一独特的优势地位，天文学家们能够观测到太阳的两侧，并在CME向地球传播时从三个维度追踪它们的路径。通过观察恩克彗星，德福雷斯特看到了彗星的物质流因为太阳风中的局域湍流而出现波动。20世纪20年代，英国数学家刘易斯·弗里·理查森（Lewis Fry Richardson）提出了湍流串级（turbulence cascade）效应，正是这种湍流使太阳风的温度达到意想不到的高度。涡旋可以坍缩成为更小的涡旋，理查森甚至为此写了下面的一篇小调：

> 大旋涡将小旋涡作为自己的吃食，以提高速度，
>
> 小旋涡有更小的旋涡吃，以此类推下去。

当湍流涡旋在太阳风中分裂时，旋涡的尺寸持续变小，而且最终达到了粒子的大小。这就把能量从湍流中转移给了太阳风中的粒子，让它们运动得更快，等离子体的温度也因此增加了。以对恩克彗星的测量为基础，德福雷斯特及其团队估计了可供转移的能量总数，它们足以将太阳风加热到我们知道的水平。

· 太阳风的结构

慢速太阳风又为什么会如此多变呢？有关这一点也有许多争论。让我们再次使用同一个类比，即将日冕视为瀑布，将太阳风视为瀑布汇入的河流。对于在地球上看到的等离子体流的上下波动的现象，我们有两个相互对立的可能选择。或许是因为瀑布的水本身就有起伏，或许河的上游有什么东西改变了水流。德福雷斯特属于第二阵营，认为湍流可能扮演着某种角色。他的论点是：来自日冕的物质流可能是稳定的，它与旋涡混合并得到了加强，因为不同的风流相互作用。就连极小的密度变化也可以在它们一路前往地球的时间内得到极大地放

大。他认为这与他对恩克彗星的观察结果是一致的。尼基·维亚尔（Nicki Vial）持有相反的观点。她的论据是：太阳风之所以看上去强弱不定，是因为它从日冕流出时的速率极为不同。

2019年2月，维亚尔发表了她与西莫内·迪马特奥（Simone Di Matteo）共同工作的成果。他们回顾了45年前来自"太阳神1号"和"太阳神2号"（Helios 1 and 2）航天器的数据。这两台双生航天器是德国与NASA的一个联合项目，于20世纪70年代发射。帕克太阳探测器于2018年10月打破的距离太阳最近的纪录就是当年"太阳神2号"创造的。在分析这些旧数据时，迪马特奥发现，太阳风中有一些斑点，它们比背景风的温度更高、密度更大。利用威尔逊山天文台过去的数据，这个团队找到了它们在太阳上的发源地。这些斑点的大小是地球的50~500倍，它们是由太阳喷射而出的，每隔90分钟喷射一次。这是人们第一次在上游如此远的地方研究太阳风的结构。看来，在更靠近太阳的地方，太阳风确实是参差不齐的。你或许会认为，太阳风在地球上的存在归结于两种原因——可能是因为最初的等离子体流不同，也可能是因为受到了沿路的湍流的影响。但后一种情况出现的可能性不大。大量湍流可以洗去太阳风在离开日冕时所带走的任何结构的痕迹。

尽管他们之间有着良性的职业竞争，但德福雷斯特和维亚尔经常密切合作。2018年，他们都属于同一个团队。该团队宣布了另外一项重要发现,其中涉及的数据都来自STEREO航天器。我们已经在前面的一些章节中看到,为了得到有关太阳的更详细的图像,需要大大提高太空望远镜的分辨率。这通常意味着建造更大的望远镜或者使望远镜更加靠近太阳,但德福雷斯特的团队尝试通过尽量去除背景噪声来提高STEREO上望远镜的分辨率。如果周围有噪声,如路过的交通工具的鸣笛声或者咖啡馆内的嘈杂声,你就很难听清别人对你说的话了,可能没法理解每个字。同样,像背景星光和STEREO的仪器产生的噪声等,都可能使外层日冕更精细的点变得模糊。通过确认并去除这种噪声,德福雷斯特及其团队能够揭示拖缆带丢失的细节。他们发现,盔状拖缆带并不像人们以前认为的那样具有光滑的结构,它是由大量微小的线状物编织在一起构成的。这可能反映了光球内的米粒组织模式。拖缆带中的结构可能会导致太阳风的多变性。或者说,它可能会产生足够的湍流,洗去所有斑点。

· 改变游戏规则的科学

打开这一死结的一种方式是进一步逼近太阳,人们对帕克太阳探测器这类航天器寄予了这样的希望。关键的是,它将进入外层日冕中一个叫作阿尔文表面(Alfvén surface)的关键转变点之内。请记住,阿尔文波是沿着磁感线传播的"涟漪"(见182

页）。阿尔文波穿过日冕向外运动时，其速度会下降。因为在它从太阳向外旅行的过程中，磁场会越来越弱。与此同时，当太阳的引力减少时，太阳风的速度增加了。存在着一个交叉点，在这里，向外的风速将超过向日核运动的阿尔文波的速度，这时风速将超过声速。一旦太阳风到达这个阿尔文表面，"河"的流速就会变快，波便不可能溯流而上了。这里是日冕的边界所在地，也是行星际空间开始的地方。以理论计算预测，这一表面距离太阳700万~1400万千米。但情况不会如此泾渭分明。STEREO上产生的噪声也暗示，这种转换可能不会像我们指望的那么平稳。反之，这将是一个宽阔的阿尔文区，而不是清清楚楚的阿尔文表面。这就意味着，太阳风是杂乱无章的，而且逐渐地与日冕脱钩。这种情况或许与我们看到的多变性有关。在使命结束之际，帕克太阳探测器将飞入接近距离太阳620万千米的地方。在此区域，我们不仅可以检测是什么造成了太阳风加速，而且可以更好地研究太阳风湍流。在阿尔文表面，等离子体流可能会混乱得多，因为反向运动的波仍然能够遇到那些正向运动的波。涡旋是否会以某种方式强烈影响从日冕喷射而出的太阳风的自然多变性，我们将在这个区域内获得对此更确切的认识。

但值得一提的是，帕克太阳探测器并不是一服万能良药。能够比任何航天器前辈向上游挺进得远很多，这当然会为认识太阳带来革命性的变化；但这只是事情的一个方面，它毕竟只能在一个异常庞大与复杂的系统上取得微小的样品。这就像你在家门外向天空一指，并希望以此认识整个地球上的风的模式一样。因此，德福雷斯特正在策划一个新的航天器项目，希望以此填补一些空白。他是统一日冕和日球层偏光计（Polarimeter to Unify the Corona and Heliosphere, PUNCH）项目的首席研究员。这一项目在2019年6月得到NASA的批准，或许将在2022年年初启动。这一项目将由4台手提箱大小的卫星执行，它们将编队围绕地球飞行。这些卫星能够从一个更为遥远的有利位置对阿尔文表面进行导向目标追踪，确定它的位置，以观察日冕向太阳风的转化。它也将绘制等离子体流中的微结构和湍流图。如果说帕克太阳探测器所做的全都是局域测量，那么PUNCH旨在从远方得到全景图像。它也将追踪在太阳风中发生的瞬间事件。我们迄今已经目睹了天文学家们所说的背景太阳风，即稳定的背景风。然而，两类瞬间事件可能会使这样的风转变为规模空前的风暴。这些太空天气现象是我们最为关注的事件，因为一旦来到我们的地球，它们就会造成具有潜在灾难性的后果。

• 火线上的地球

第一类叫作共转交互作用区（co-rotating interaction regions,

CIRs），它往往会在太阳极小期前后起主导作用。它是在高速太阳风全速进入慢速太阳风的路径上形成的。在这种情况下，磁感线被挤压到一起，在太阳风中建立了促使等离子体密度、磁场强度和湍流流速都增加了的小块地带。这样的压缩导致该区域发出了向前进入行星际空间和反向朝着太阳的冲击波。这些区域总体上以与太阳自转相同的速度围绕太阳运动，因此得名。这些CIRs并非太阳独有。一个国际天文学家团队在2017年发现，从超级巨恒星弧矢增二十二（Zeta Puppis）吹出的风中也有类似模式。它们在太阳系中十分重要，因为如果CIRs进入地球的轨道，我们就会看到，来到我们身边的太阳风在速度、密度和压力上都有所增加。这正是在2019年3月末发生的情况。2017年的一项研究认为，2006到2010年间（在周期23的极小期前后），总共有43次CIRs冲击过我们的地球。我们很快将在下一章中看到，近年来，人们对预言这些太空天气事件方面付出了更多努力。帕克太阳探测器和太阳轨道飞行器将帮助我们认识，这些太阳现象在向外运动且未与我们的地球相遇的时候是怎样在靠近太阳的区域发展的。

当太阳活动向极大期发展，而且太阳开始越来越多地向行星际空间喷射日冕物质时，CIRs也变得不那么容易识别了。人们经常把CME比作扫雪机，因为它扫过太阳风，将其推到一边，让磁感线堆积在自己身后。这是在太阳风中形成冲击波的另一种方式。在大约1%的情况下，这些冲击会让危险的高电荷粒子加速穿越空间［叫作太阳高能粒子事件（solar energetic partide events, SEP）］。CME穿过行星际空间的方式强烈依赖于它与背景太阳风之间的相互作用。一个慢于风速的CME会受到它的加速；当高速运动的CME与等离子体流正面相撞的时候会减速。在后一种情况下，一小块叫作鞘层（sheath region）的湍流会在冲击波和CME相继到来之间的时间内形成。2016年的一项研究发现，行星际空间最多用5天时间消除CME造成的影响。但它经常得不到这个机会。在太阳极大期，太阳每天多次向外喷射日冕物质。第一次CME可以为第二次CME扫清道路，让第二次CME在这条路上的运动比较容易。在其他时间内，一次运动得更快的新爆发可以追上一个早些时释放得较慢的爆发，并与之融合。天文学家们将其称为"CME吞食"（CME cannibalism），这是第二类瞬间事件。而人们之所以能够看到这种情况发生，是因为它们的碰撞使电子加速，让电子具有非常高的动能，从而向外发射可以被检测得到的无线电波信号。这些是我们最为担心的瞬间太空天气事件。两个CME会形成一个巨兽般的雪球，轰隆作响地冲向地球。它的到来可能会让地磁暴（geomagnetic storm）加速发生，这是一种不亚于任何自然灾难的威胁。

10

在有太阳存在的情况下生活

> 任何盗贼，无论手段何等高明，都无法抢夺我们的知识。因此，知识是我们可以得到的最好、最安全的财富。
>
> ——L.弗兰克·鲍姆（L. Frank Baum）

当电话铃声响起时，理查德·尼克松（Richard Nixon）正坐在他椭圆形办公室里的书桌旁。来的不是好消息——他的计划失败了，美国深陷越南战争的"泥潭"无法自拔。最近几个月，美国竭尽全力打破僵局的企图越来越强烈，而越南北部海防港似乎让人看到了一丝希望的曙光。在知道了敌人85%的进口物资都从这个城市的码头进入之后，尼克松和他的将军们于1972年酝酿了"零用钱作战行动"（Operation Pocket Money），即对整个城市沿海水域布雷。如果这一行动能够切断敌人的补给线，那么越南人或许会在威吓之下屈膝投降。攻击机从5月起便部署在附近的美国海军"珊瑚海号"（Coral Sea）航空母舰上以便起飞行动。按照设计，许多水雷一旦检测到路过舰船发出的磁信号就会起爆。但 8 月，灾难降临，人们只好与在白宫的尼克松紧急通话。据估计，4000 枚水雷似乎自行爆炸了，而毗邻地区根本没有敌方舰船。这一计划已经失败了。现在，我们知道了出现这种状况的原因：发生了一起来自太阳的恶劣的太空天气事件。在它的诱导下，地球的磁场发生了巨大的变化，这些水雷"受骗"爆炸了。解密的文件披露，美国海军将替换所有损失的水雷作为顶级优先要务，为其投入了大量资源。这些努力最终奏效了——在巴黎举行的和谈中，美方代表以未来帮助排雷为诱饵与对方达成了一项协议。然而，如果没有太阳的干预，那么这一解决方案肯定会更早些被对方接受。

• 行星保护层

这件事清楚地提醒了我们：距离我们最近的这颗恒星有着何等巨大的能量，它造成的太空天气事件具有何等巨大的威胁。在 1972 年 8 月的第一周，太阳上的一个活动区发生了一系列太阳耀斑爆发事件（有 4 次）。其中头两次在行星际空间中扫出了一条道路，让一次 CME 可以在太阳风的作用下高速运动，并在 15 个小时之内到达地球（通常情况下可能需要两三天）。这一事件刚好夹在"阿波罗 16 号"与"阿波罗 17 号"航天器发射时间的中间。如果它是当宇航员在月球上行走时爆发的，那么产生的辐射剂量足以使遭受辐射的宇航员火速返回地球，通过骨髓移植来保住性命。到达地球的CME引爆了尼克松在北部湾（Gulf of Tonkin）海面上敷设的水雷，造成了北美停电，并让英格兰南部沿海的极光亮到了能够使物体在水里投下影子的程度。这一场凶猛异常的狂轰滥炸压倒并破坏了地球的磁场盾牌——为我们阻挡这种袭击的第一道防线。这一层保护地球的蚕茧状壳层是在地球内部深处形成的，那里的庞大重量产生的压力使其温度高达6000摄氏度。此温度和太阳光球的温度一样高，足以让外层地核的铁保持熔融状态。外层地核和上面的地幔之间的温差驱动了与太阳对流层类似的气流的上下流动。这就在我们的地球自转的时候产生了一个磁场。它穿过地壳，进入太空，形成了地球的磁层（magnetosphere）。磁层的北极与南极的连线基本上与地球的自转轴重合。在地球的漫长历史中，地磁极曾多次发生逆转，而现在的北磁极在南极洲附近。

太阳风与地球的磁层在一个叫作磁层顶（magnetopause）的区域相遇，这个区域通常位于地球上空大约6万千米的地方。一个很长的磁尾（magnetotail）在地球的背阳一面约向外延伸100万千米，它的磁场线好像在轻风中飘荡。这一距离足以让月球围绕地球旋转一周的27.3天中，有5天在我们的磁层范围之内。2017年，科学家们在月球上发现了氧离子。它们就是在月球入侵磁层的时间内从地球的大气转移过去的。在超声速太阳风闯入我们的防御盾以后，其速度迅速下降，并在磁层顶外的一个叫作弓形激波（bow shock）的地区达到亚声速。地球就如同一个流动的巨石。局域太阳风内的磁场线出现了扭曲，涡旋加强了，而湍流处于主导地位。

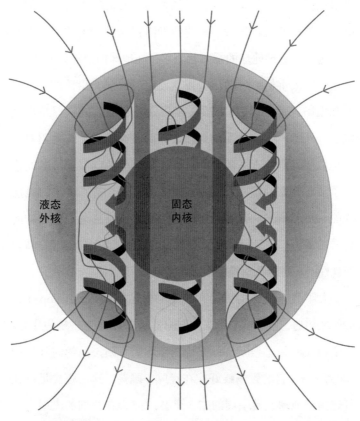

液态
外核

固态
内核

地球的磁场是由它的液态外核中发生的对流产生的。当前的磁感线方向是从南向北。

· 一面不完美的防御盾

2019年，一个以来自伦敦大学玛丽女王学院（Queen Mary University of London）的马丁·阿彻（Martin Archer）为首的空间物理学家团队观察到磁层顶如同鼓面一样振动，而太阳风的作用如同鼓槌。波在空间荡漾，从磁极上反射回来，并与反方向运动的波相遇。有时候，湍流太阳风中扭曲的磁场线与地球的磁场中的磁场线重联，在我们的防御网上打开了一个洞，任由入侵的CME长驱直入。我们磁保护层的一些部分就像洋葱一样被一层接一层地撕开，让我们处于任人宰割的状态。这就像一位拳击手所使用的经典的组合拳：第一击命中目标，削弱了对手的抵抗能力；第二击便把对手击倒在地。这相当于100座核电站的能量突然注入了磁层。沿着局域磁感线，带电粒子如洪流般倾泻而下，直捣地球的两个磁极。刚刚打开的磁场线被太阳风吹到地球上空进入了磁尾区。这种情况使那里的局域磁压增加，并迫使场线相互靠拢，直到它们也发生了重联。局域等离子体的温度攀升到了1亿摄氏度。正如在太阳上发生的情况一样，电子流从X点加速喷射而去，最高速度可达每秒1.5万千米。它们中有一些沿着背面的磁感线运动，朝着地球的两极地区汹涌地冲过去。

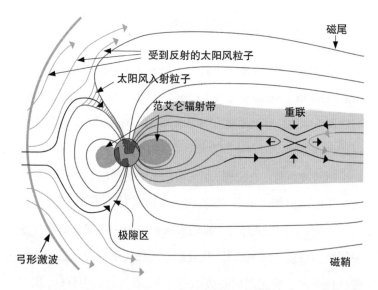

上图为复杂的地球磁层。太阳风经常吹动两极上空的磁场线。如果它们重联，则粒子沿着磁场方向加速。

太阳风粒子可以在一路向下的旅途中轰击高处的通信卫星和全球定位系统（GPS）卫星，破坏这些精密仪器的电路。即使智能手机不再告诉人们现在所处的位置，也只不过让人感到不大方便而已；但如果准备降落的飞机不再能够判断机体与地面之间的距离，就将发生非常危险的事情。那些一直向前的粒子将冲击电离层（ionosphere），即地球上空距离地面60~1000千米的大气层。有了这些新注入的能量，电离层开始膨胀，扩大了地球大气的范围,增加了地球的密度[1]。低轨卫星过去离大气足够远,不会受到影响,但现在陷入了拥有更多分子的大气陷阱。增加了的空气阻力能够使这些卫星的速度降低,并使它们在大气中的高度降低,最后它们会因为摩擦力而解体,变得四分五裂。

电离层在远距离无线电通信方面也扮演了重要的角色。高频无线电信号可以在电离层的底部反射,因此我们可以远程传输这些信号。因为飞机经常在比较长的时间内飞离通信卫星信号的覆盖范围,所以也依靠这种方法飞越极地。地磁风暴的发生极大地改变了电离层,它现在是吸收而不是反射无线电波,造成了无线电信号中断。为了与卫星取得联系,飞机只好转道使用效率不那么高的低纬度航线。这对于紧急救援行动也是一个大问题,如2017年9月飓风厄玛(Irma)和乔斯(Jose)过后人们在加勒比海地区开展的救援行动。地球上的这些气象风暴与太阳活动区发生的几次CME和太阳耀斑爆发刚好在同一时期。由此产生的地磁风暴在很大程度上改变了电离层,让救援工作队之间的关键的无线电传输中断了2周。

---

1 译者对此无法理解:如果大气层的范围扩大了,而且假定太阳风粒子不会显著改变地球大气的质量(mass),则随着大小的增加,大气层的密度应该下降,因为密度 = 质量/体积。除非外来粒子大量加入大气层,增加了大气层的质量。(在二审中,编辑认为此为能量密度,所以不能用"密度 = 质量/体积"这个公式。)

大气内呼啸而过的带电粒子创造了它们自己的磁场,迅速改变了地球表面上的已有磁场,与引爆了尼克松下令布置的水雷的情况完全一样。变化的磁场也能产生电流,它们能够沿着现有的输电线路和油气管道流动。这是太阳对我们的日常生活造成的最大威胁。

• 断电

最严重的地磁风暴可以对我们的输电网络造成无法想象的损害。变压器是将电能从一个电路传输到另一个电路的装置,电力通过它们传输到各地。在太阳风暴期间,达到电流峰值的电流在流经变压器时有可能让变压器内的油料沸腾并且让绝缘层起火。可能需要几个月的时间才能制造足够的替换变压器来重新点亮电灯。没有了电,从汽油供给和现金出纳到自来水和污水处理的一切事情都将受到影响。缺少交通灯和路灯会让道路系统崩溃;医院也只好依赖备用发电机,而且只能进行最紧急的手术;股市肯定会崩盘。

2012年夏,一次超大型CME发生在伦敦奥林匹克运动会开幕式前的那一周。如果太阳提前一周打个嗝把它喷出来,地球就会刚好处于火线上。[1]据此后第二年发表的一份研究报

---

1 译者怀疑是否应该是再迟一周发生。

告估计，如果真的发生了这样的情况，造成的损失将在0.6万亿~2.6万亿美元。这次很幸运逃脱了，但我们之前并非没有得到过警告。1989年3月的一次太阳风暴让北美断电，9个小时中600万人没有电力供应。1859年所谓的卡林顿事件是最后一次波及地球磁层的CME事件，其破坏程度是1989年事件的10倍。2019年，研究格陵兰（Greenland）冰芯的科学家们发现了2600年前太阳风暴袭击地球的证据，那次袭击的狂暴程度至少是太空时代见证的最严重事件的10倍。谢天谢地，在过去10年左右的时间里，我们这个世界已经清醒地认识到了这个威胁。2011年，英国政府将太空天气加进了全国突发民事事件风险登记（National Risk Register of Civil Emergencies）中，与它并列其中的还有大流行病、自然灾难和网络恐怖主义。其他许多国家的政府也在这样做。

· 空间天气预报

面对这种重大威胁，如果我们想要有效地保护自己，就需要更好地理解高能粒子从天而降的过程。空间天气预报的准确性需要达到与我们的地球气象预报相当的地步。就像无法阻止下雨一样，我们无法不让太阳风暴发生，但准确的预报将让我们能够及时采取行动，尽量避免损失惨重。当前在全球范围内只有 2 家专门从事空间天气预报的中心, 它们不分昼夜地发出预报。其中一个是位于英国的埃克塞特（Exeter）的气象局空间气候行动中心（Met Office Space Weather Operations Centre, MOSWOC）, 成立于2014年。他们每天更新2次, 提前4天发出总结性预报, 包括地磁风暴发生和无线电通信中断的概率。人们持续向专门从事天气预报的世界上最快的超级计算机输入数据。它的重量是140吨, 可以存储170亿千兆字节的数据, 相当于可以下载一部100年以上时长的高清晰度电影。它每秒钟进行 1.4×10^{16} 次运算, 处理能力强, 相当于控制10万多台 PS4 游戏机。尽管拥有如此令人动容的硬件, 但空间天气预报仍然远远算不上一门精确科学。有人认为, 我们的空间天气预报能力落后于地球气象预报能力好几十年。

要做出正确的预报, 关键之处是预测磁层对太阳活动增加的反应。针对这个磁蚕茧层各个部分的重联现象建立计算机模型, 人们已经做了许多工作, 但还需要来自空间航天器的实际数据, 以确保模拟的准确性。这就是 NASA 于 2015 年 3 月发射磁层多尺度任务航天器的原因。我们曾在上一章提及这一项目, 它就是在 2019 年年初以珍珠链队形结队飞过湍流太阳风的四重航天器。那次特定探险只是一个旁支项目。这一航天器过去大部分时间都在地球的磁层之内, 仅仅投入运行的第一年就曾 4000 次飞越磁层顶。通过每 30 毫秒一次的测量, 这些工作为电子在重联下的重新分布绘制了前所未有的图谱。我们过去仅仅看到了较重的离子从X点向外疾飞，或者在计算机模型中模拟重联。现在，由MMS提供的细节详尽程度，就连最优秀的计算机模型也望尘莫及。磁层确实很大，但重联发生的范围相对比较小。MMS在一个不大于30平方千米［大约相当于贝辛斯托克（Basingstoke，英国的一个小镇）的大小，或者相当于地球上国土面积排倒数第五的国家圣马力诺（San Marino）的一半国土面积］的区域内见证了重联。而在磁层顶，MMS也曾发现了能量从磁场向电子转移的现象，其速率为过去的理论模型预测的100倍。这一航天器后来转战磁尾。2018年12月，人们也公布了它在那里观察到的一次重联的细节，其中揭示，重联的速率与过去的理论模型预测的基本一致。

• 危险的炸面圈

这些发现是关键的，因为它们揭示了磁能具有的可以以极高的速度将危险的粒子抛掷到磁层周围的机理。人们发现，大部分这种粒子存在于环绕着地球的两个炸面圈状的结构中。这种结构叫作范艾仑辐射带（Van Allen belt），以美国空间科学家詹姆斯·范艾仑（James Van Allen）的名字命名，他曾负责在1958年发现了这些结构的"探险者1号"（Explorer 1）航天器的工作。有人认为,这是太空时代的第一个重大发现。这个航天器携带了一台盖革计数器(Geiger counter),这种仪器每当受到辐射轰击时都会发出说明有问题出现的咔嗒声。人们用带子把它固定在一台记录这些声音的微型录音机上。较小而且相对静默的范艾仑辐射带的范围从电离层的顶端向上延伸到1万千米的高度(几乎相当于整个地球的宽度)。范艾仑辐射带主要是由轰击地球大气的宇宙线创造的质子组成的。外带从1.2万千米向外延伸到大约5.8万千米,整个范艾仑辐射带的总体积约为地球本身的100倍。它们包含着数万亿个带电粒子,但每个粒子的质量都很小,加起来总共11克。也就是说,如此庞大的"炸面圈"还没有一个真正的炸面圈重!我们的GPS和地球同步卫星就停靠在外层范艾仑辐射带中。它们只有位于这个高度,才能够相对静止地停留在地球上的某一点,保持不间断地覆盖性观察。例如,卫星电视的信号就是从这个区域向地球发射的。外层范艾仑辐射带中的带电粒子大部分是从太阳风中注入磁层的电子,它们无法穿过磁感线,只能沿着磁感线运动,因此被禁锢在里面。它们也无法从一个较弱的磁场区域运动到一个较强的磁场区域中去,这就相当于水在没有外力的帮助下无法倒流回山顶。

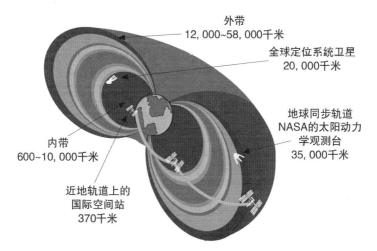

外带
12, 000~58, 000千米

全球定位系统卫星
20, 000千米

地球同步轨道
NASA的太阳动力
学观测台
35, 000千米

内带
600~10, 000千米

近地轨道上的
国际空间站
370千米

两个主要的"炸面圈"型范艾仑辐射带位于地球的磁层内，是将高能粒子禁锢在其中的区域。

为了得到有关这些结构更清晰的图像，NASA于2012年发射了范艾仑探测器（Van Allen probes）。它们披挂着特别设计的盔甲，这能帮助它们抵御局域辐射的摧残。它们以每小时3200千米的速度飞行，每天都要穿越范艾仑辐射带5~6次。探测器发射后3天内就有了突破性的发现：太阳活动增加有时会使两条带中间产生第三条带。它会持续存在1个月左右，然后在来自太阳的另一次冲击波的作用下湮灭。在其他时间里，外带向内伸展，两个主要区域会暂时合二为一。一台探测器刚好处于正确的位置，这见证了2015年3月的太阳风暴的影响。它观察到一次突然以接近光速的速度运动的电子脉冲，这是附近的卫星电路的真正威胁。近年来,我们有关这些电子加速的原因的想法有了重大转变。

在范艾仑探测器被创造使用之前,空间物理学家们认为,一种叫作径向扩散(radial diffusion)的过程是电子加速的主要原因。入射太阳物质推动了靠近地球的远端电子,这让后者可以自由地沿着磁感线加速运动。现在,认为其原因是所谓的局域加速的人居多。电子已经在辐射带之内了,但人称合声波(chorus wave)的磁振荡令其加速。2018年5月,一个以亚历山大·博伊德(Alexander Boyd)为首的团队,利用范艾仑探测器的数据证明:87%的情况下,局域加速是其中的原因。外带中的粒子特别活跃,当太阳风推动磁层进一步靠近地球时,它们在太阳风的影响下在外带边缘进进出出。远道而来的风暴和强劲的太阳风可以迅速改变周围事物,让外带中电子的数目和运动方向发生变化。它们可以在短短15分钟内将低能电子转变为能量高得多的危险粒子。成功预报空间天气的一部分是,预测到这些高能电子的数目在什么时候开始增加。

· 杀手电子

人们称最有威胁性的粒子为"杀手电子",因为它们具有使我们的卫星编队瘫痪的能力。在一次太阳风暴中,它们的数目可以多达1万个。每个粒子带有的能量都是我们在牙科拍片时所用的X射线粒子的1000倍以上。当2003年万圣节前夜的太阳风暴肆虐的时候，我们整个卫星编队中有10%的卫星功能受损。今天在轨道上的卫星的数量超过当年的。一份2017年的报告得出的结论是：如果GPS卫星导航服务突然中断，英国每天将遭受10亿英镑的经济损失。对于这些卫星的最大威胁并不是CME造成的，而是来自冕洞的高速太阳风。这是英国南极调查局（British Antarctic Survey）局长理查德·霍恩（Richard Horne）于2018年9月主持进行的一项研究得出的结论。他观察了一个持续5天的高速太阳风轰击磁层造成的影响，发现范艾仑辐射带内的高水平辐射可以在此后延续好多天。与此对比，一次CME将压缩磁层，促使辐射在距离地球近得多的地方形成。霍恩的结论是，高空卫星需要2.5毫米的铝层保护才能免遭最凶残的高速太阳风事件的伤害。这比当前NASA通常采用的保护层厚。对于这些杀手电子风暴的预测具有潜在意义的突破出现在2019年4月，据当时一个以洛斯阿拉莫斯国家实验室（Los Alamos National Laboratory）的空间科学家陈悦（Yue Chen）为首的团队披露，我们已经能够提前一天预测某些事件。这对于卫星操作人员来说，他们有足够的时间去采取躲避行动。尽管取得了这一成功，但我们的空间天气预报能力达到高层次水平还有一段很长的路要走。我们的预报有时很准确，但有时却远远不能令人满意。这是因为，我们现在还无法对整体的磁层加以研究。MMS 和范艾仑探测器虽然已经做出了重大贡献，但仅是对一个复杂系统的一些很小的部分进行了取样。在理想情况下，我们需要数以百计的航天器同时飞过磁层的不同地点取样。

• 发现危险

了解磁层的反应，也只是问题的一部分。另一部分是要预测危险的事件将在什么时候降临地球。并非一切太阳来客都对我们有同样的威胁。请记住，是在磁层顶上发生的磁重联最先撕开我们的各层防御的。只有当两个极性相反的磁场区域被迫聚拢的时候才会发生重联。地球的磁感线当前从南极指向北极。因此，我们需要担心的主要是带有指向南方的磁感线的 CME 和高速太阳风，特别是在这种方向会维持几个小时的情况下。但你如何能够知道风暴中的磁场的方向呢？当前，等我们确定它的方向时已经为时过晚，差不多到了无法采取任何行动的时候。NASA 的深空气候观测台（Deep Space Climate Observatory, DSCOVR）于 2015 年发射，现在位于 L1，即一个特别引力停泊点。许多空间航天器，包括 SOHO，都在此停泊。在距离地球 150 万千米的位置上，DSCOVR 给我们提供了正在向地球逼近的风暴的磁场方向的首次在线测量数据。在 DSCOVR 之前，ACE 卫星在做同样的工作。问题是，CME 将在随后 1 小时之内到达地球，有时只需要 15 分钟。我们或许能够知道，一个南向风暴即将横冲直撞地闯入磁层，但我们却没有多少反应时间。

如果我们能够在 CME 到达 L1 之前就准确地预测它的方向，那会怎么样呢？这个任务可不容易。我们知道，CME 从太阳起飞并穿过太阳系向外飞去时，经常会转向、旋转与膨胀。2018 年，一项由来自赫尔辛基大学（University of Helsinki）的埃丽卡·帕尔梅里奥（Erika Palmerio）领衔的研究工作发现，在到达 L1 的时候，1/3 的 CME 的倾角改变超过 90 度。我们也知道，太阳风内结构之间的相互作用可以改变它们的速度和轨道。当前考虑了这一影响的模型通常可以在 6~12 个小时之前预测 CME 的到达时间，但未必能够预测它的方向。我们需要进一步提高能力。总体来说，我们只需要在 CME 旅途的开始与结束阶段仔细观察它们。近年来，人们在利用计算机模型弥合太阳与 L1 之间的差距方面取得了真正的进展。通过从 CME 离开日冕的方式入手，许多天文学家团队一直在尝试准确地再现 ACE 这类卫星的测量结果。2015 年，尼尔·萨瓦尼（Neel Savani）利用来自 SDO 的紫外光数据，测量了太阳上发出 CME 的区域内的磁场结构。然后他利用 STEREO 航天器观测它们来到地球前在路上的变化。将这些观察结果与计算机模型结合，他能够准确地重建过去到过 ACE 的 8 个不同的风暴的性质。2017 年，一个以来自 NASA 的戈达德航天飞行中心（Goddard Space Flight Center）的克里斯蒂娜·凯（Christina Kay）为首的团队正确地预测了过去的 4 个 CME 的方向。同年，卡米拉·斯科利尼（Camilla Scolini）发表了她本人的分析结果，研究对象是在 2009 年 1 月到 2015 年 9 月飞向地球的 53 个 CME。她发现，带有大面积不对称半影而且紧凑的太阳黑子集团的活动区，更有可能产生对于地球磁层具有负面影响的 CME。

· 避免灾难

如果这些方法能够在更大程度上得到改进和推广，我们就有可能提前 24 小时对太阳风暴的方向做出预测。但如果我们想要保护电网，使之免遭来自大气的额外电流的影响，那么这点时间仍然不够。你可能会认为，我们能够采取的最佳对策是断开一切电源。然而，我们最好的办法是让尽可能多的变压器和输电线路保持运行，这样它们可以共同承受额外负载。在正常情况下，电网总有一些部分因为维修而断开。如果可以预报太阳风暴，工程师们就可以采取紧急行动，在那时让一切装置投入运转。问题是，这样做通常需要3天。所以，提前24个小时的预警远远不够。我们的输电网络经常会因为预防性的措施而受到没有必要的干扰。我们需要新的方法来得到我们需要的预测结果。ESA正在计划发射一台专门用于空间天气预报的航天器，名叫"拉格朗日"（Lagrange）。他们计划将航天器第一次发射到L5（围绕太阳的另一个引力停泊点）。与L1不同，L5位于地球后面60度的轨道上。关键是，这里是一个有利位置——我们能够在太阳上的活动区转到正对我们的地球的位置上之前看到它们。如果我们的CME预测模型得到了改进，那么我们就能够最多在5天前发出风暴即将到来的预警。因为共转交互作用区会随着太阳的自转而运动，它们会在来到地球之前扫过拉格朗日航天器。我们也会提前看到冕洞，即高速太阳风的发源地。

2018年6月，一个以兰开夏中央大学（University of Central Lancashire）的西蒙·托马斯（Simon Thomas）为首的团队，研究了在L5放置太空天气监视器以解决已经在L1的监视器的视野盲区的可行性。他们回顾了STEREO的1台航天器短时间内4次在L1与ACE卫星分开60度的情况。他们的研究结果表明：在这种情况下，系统对于到达地球的太阳风的速度的预测特别准。然而，他们也发现，这无法提高对于风暴的磁场方向是否面向南方的预测能力。拉格朗日航天器任务的原始合同于

2018年年初签署。2019年3月，4个不同的欧洲集团公司开始为这一任务开发概念。ESA希望能在2020年年底确定最后设计，大约在2025年发射。

· 极光

尽管太空天气会带来潜在的灾难，但也并非全都是厄运与悲伤，还会带来美丽的事物：北极光与南极光（aurora borealis and aurora australis）。它们是在磁尾重联驱动粒子沿地磁感线向两极移动的时候产生的。当电子与电离层中的各种分子相撞的时候，前者会给后者一些能量，让后者的电子跃迁到更高的能级上。当这些电子回到较低能级时，释放的光子将用旋转得令人惊异的极光装点极地的天空。它们的激发方式与霓虹灯中氖气的激发方式类似。它们摇曳不定的姿容具有很高的辨识度，这取决于电流在磁层流动的方式。极光的颜色是由放出光华的元素和它们的高度决定的。最著名的颜色是绿色，是由氧元素在低于240千米的地方放出来的。位置比这更高的氧闪耀着红光，氮通常是蓝光和紫光的来源。通常极光只存在于所谓的极光卵形环之内。它们是略显圆形的结构，大致与北极圈和南极圈重合。然而，大型地磁风暴会挤压地球磁场，将这些区域向赤道大大地推进。在1859年著名的卡林顿事件期间，就连在加勒比海的南部甚至撒哈拉沙漠（Sahara Desert），人们都能看到极光。一位曾在落基山脉（Rocky Mountains）搭营的记者写道：午夜刚过，人们可以借助极光的光亮阅读报纸。一些和他一起组团旅行的人已经开始做早饭了，因为他们以为天亮了。鸟类也同样被愚弄了。《新奥尔良时代花絮报》（*New Orleans Times Picayune*）报道过一位猎人身上发生的趣事：在极光逐渐增强期间，他在凌晨1点射死了3只云雀——它们误以为天亮了，所以从窝里飞了出来。

• 不同寻常的极光

几千年来，人类都为极光的瑰丽而惊叹不已。它们最早出现在3.2万年前的法国洞穴画中；然而，时至今日，它们仍然能够给我们带来巨大的惊喜。极光恐龙（Aurorasaurus）是一个寻求公众帮助来研究极光的全民科学项目，在2015到2016年接到了30多份目击者的报告，他们都声称见到了紫色"彩带"从东向西飘舞。古怪的是，这一现象很快被人称为"史蒂夫"（Steve）。出自美国影业公司梦工厂（DreamWorks）的动画片《篱笆墙外》（*Over the Hedge*）里的一首歌的歌名就是《让我们叫它史蒂夫》（*Let's Call It Steve*）。尽管正常的极光可以持续好多个小时，但"史蒂夫"从来没有坚持到60分钟以上。2018年3月，一个由NASA科学家伊丽莎白·麦克唐纳（Elizabeth MacDonald）为首的团队，发表了从地面和ESA的"蜂群"卫星（SWARM satellite）观察"史蒂夫"的结果。他们确认，这次极光是由一种叫作亚极光离子漂移（Sub-auroral Ion Drift, SAID）的极高能粒子流高速运动引起的。与那些产生更常见的极光（也叫"花园极光"）的离子相比，这些离子是沿着更接近赤道的地球磁感线运动的。Steve变成了STEVE，因为这些科学家特意为它造了一个术语——"强放热速度放大器"（Strong Thermal Emission Velocity Enhancement），它的首字母缩略语就是STEVE。但是，2018年8月，当科学家们回头查看来自美国国家海洋大气局的"极轨环境卫星17号"（National Oceanic and Atmospheric Administration's Polar Orbiting Environmental Satellite 17, POES-17）时，情况又变得不明不白了。这颗卫星看到了一个像STEVE的事件，但这一次，研究人员找不到伴随它的亚极光离子漂移。他们认为，STEVE根本就不是什么极光，而是一种新的光学现象。他们将其称为"天空辉光"（skyglow）。到了2019年4月，研究人员们认为：STEVE是由一种联合作用产生的，其中一种作用是大气层中的带电粒子的加热，另一种作用则是来自像在高能极光中出现的那种高能电子。我们仍然需要进一步的研究才能弄清这个问题。

·　不对称极光

STEVE仍旧让我们感到高深莫测，但另一个极光之谜或许已经在2018年12月得到了解答。几十年来，我们已经知道，北极光和南极光经常是不对称的，形状和位置也各不相同。科学家们开始认为，这种不对称性必定是在磁尾的重联事件中向极地发送粒子的方式的不均衡造成的。为了进一步研究这一效应，来自挪威伯克兰空间科学中心（Birkeland Centre for Space Science in Norway）的博士研究生安德斯·奥赫马（Anders Ohma）利用了来自卫星的图像，同时比较了10种不同场合的北极光和南极光。然而，在8次事件中，极光在磁尾重联增加时变得更加对称，这与原来预期的完全相反。奥赫马认为，不对称性来自太阳风，特别是当它以某种角度而不是正面冲击磁层的时候。这种冲击让磁尾的场线歪斜，造成了摇曳的极光。这刚好证明，我们还必须弄清太阳的磁场与地球的磁场之间的相互作用。理解这些效应，可能会让我们得到有关磁层机理的更全面的图像，以及做出更可靠的空间天气预报。

研究极光，也可以让我们通过一种独特的方式准确地探测重联究竟发生在磁尾的什么地方。2018年11月，一个来自伦敦大学学院和雷丁大学（University of Reading）的空间物理学家团队，发表了他们在阿拉斯加的扑克公寓（Poker Flats, Alaska）中观察极光的结果。2012年9月18日，他们使用MOOSE照相机追踪到了4分钟的画面。通过观察极光的模式，他们计算得出，导致极光的重联发生在磁尾以下4个地球直径那么长的范围内。这是人们第一次单独利用有关极光的分析材料做出这样的测量。人们做出的这类努力将帮助未来的航天器专注于探索磁尾最理想的区域。

· 探索重联的火箭

处于地球夜间的极光因为它们令人震惊的瑰丽或许可以登上所有报纸的头条，但从科学的角度出发，白天的极光同样具有价值。与比它们更为著名的夜间极光不同，白昼极光不是由磁尾的事件导致的，而是直接由从地球的磁层的"漏斗"里雨点般降落的电子形成的，人们称这种"漏斗"为极尖区（polar cusps）。在这里，我们的保护盾最为薄弱，太阳风能够畅通无阻。每天早上，北极磁层极尖区都会在挪威斯匹次卑尔根群岛的新奥勒松（Ny-Ålesund on the Norwegian island of Spitsbergen）火箭发射场上空旋转。这是世界上全年有人居住的位置最北的地方。2018到2020年，一个由来自英国、加拿大、挪威、美国和日本的研究者组成的国际团队将在这里开展9个不同的航天任务，总共向极尖区发射12枚火箭。这是宏大的挑战的初始行动——尖区项目（Grand Challenge Initiative:Cusp project）的一个部分。他们正在探测高度在50~1300千米的大气，这个高度对于科研气球来说太高，但对于卫星来说太低。每一枚火箭只会在大气中逗留几分钟，却能够记录到价值极高的数据，帮助我们更好地理解我们与太空和太阳之间的磁联系。

抓住发射时机并瞄准目标，这一点绝非易事。火箭控制者们将提前1小时从位于L1的DSCOVR卫星那里得到即将出现极光事件的预警。每隔30分钟，他们都会发射气象气球，以检测风速和风向，保证火箭不会因意外而偏离航向。第二项工作是在2018年12月发射"瞬间2号"（TRICE-2）。两枚火箭沿着同一条磁感线升空，观察磁重联是在多个地点同时开展的，还是受限于一个狭小的局域区域。2019年1月"雀跃2号"（CAPER-2）发射，它的目的是研究阿尔文波在加速离子向下飞向极地时可能扮演的角色。"蔚蓝"（AZURE）使命火箭在4个月后发射升空。这次发射的两枚火箭向大气中放出了如同焰火般的彩色化学物质。从地面跟踪这些烟云运动的轨迹，科学家们可以为离子在电离层中的流动轨迹绘制图谱，包括通常反射长波无线电通信的区域。

"蔚蓝"也在探测一种叫作极光胁迫（auroral forcing）的效应。我们的大气每天都会失去几百吨氧气——主要是被极光活动驱离的。那些会让气体发光的高能碰撞也会增加它们的能量,使之有能力完全逃脱地球引力的束缚,形成流入太空的所谓极光喷泉(auroral fountain)。马克·莱萨德(Marc Lessard)在 2019 年 4 月发现,高空极光是物质上涌的原因。这种现象会使大气层中形成"减速带"(speed bumps),能够增加对轨道卫星的拉力。这对卫星有着潜在的危险。

值得庆幸的是,这点气体损失与总计 5×10^{15} 吨的大气总质量(其中 23% 是氧气)相比不过是沧海一粟。即使地球上的生命无法补充它失去的氧气,地球也需要历经宇宙年龄 3 倍的时间才会失去全部氧气。其他行星就没有如此幸运了,它们遭受的太阳风冲击的强度远远超过了地球。太阳风狂吼着横扫了围绕太阳旋转的所有行星,但它们究竟到了什么地方才筋疲力尽了呢?我们马上就要开始一次旅行:从地球出发,一直来到一个叫作日球层(heliosphere)的庞大磁泡的边缘,那里是太阳的磁影响的边界。我们的第一站是一颗行星,它显然因为与太阳的相互作用而有了巨大的转变。

11

走向星际空间的门户

> 生命与土地的无尽需求永远不会得到满足。如今，远航者扬帆出海，搜寻并且索取所需。
>
> ——沃尔特·惠特曼（Walt Whitman）

清晨，迷雾慢慢消散了。轻风徐徐，吹过湖面，阳光在泛起涟漪的水面上遭遇了反射。潺潺低语的小溪在附近的山坡上蜿蜒流下，清冽的水注入湖中。

这幅田园诗般的场景看上去描写的是地球，但实际上是对远古火星的描述。近年来，NASA的"好奇号"（Curiosity）探测器探索了这颗红色行星上的盖尔陨坑（Gale crater）。它的观察结果表明，在大约38亿年前，火星表面上的这块150千米宽的洼地中曾经充满着水。2017年，对当地矿藏的一次调查表明，这座湖泊存在了7亿年。然而，今天的火星是一颗尘土飞扬的干燥的沙漠星球，没有河流、湖泊或海洋。大部分科学家认为，从郁郁葱葱的景观变为贫瘠的荒地，这一变化的罪魁祸首非太阳风莫属。与地球不同，现在的火星没有保护它免遭太阳风摧残的全球磁层。它的磁层大约在40亿年前消失了，或许正是在当年这颗行星的星核冷却下来的时候。火星比地球小，所以没有那么多物质被压碎在火星核上。如果这颗红色行星的核固化了，这里就不会再有任何液体金属反复对流，并像地球一样形成囊括整个行星的磁场。2019年4月，NASA的"洞察号"（InSight）火星探测器第一次检测到了火星震（Marsquake）。这种震动或许可以帮助我们像认识地球和太阳一样认识火星的内部结构。另一种解释是来自小行星的猛烈撞击是磁场消失的原因。大约在这个时候，火星突如其来地遭受了5次重大冲击。它们或许加热了火星幔，即火星核与火星壳之间的区域。与地球一样，对流依赖于核与壳之间的巨大温差。加热了火星幔的小行星撞击或许减弱了对流，潜在地关闭了火星的磁活动。在不受保护的状态下，来自太阳风的能量提高了火星大气中的分子的能量，让它们可以完全摆脱火星引力的桎梏飞入太空。这就是大气中的气体流失放大到极致时会发生的状况。火星的气候情况从此急转直下。

• 探测火星

2014年，火星大气与挥发演化（Mars Atmosphere and Volatile

Evolution, MAVEN）航天器飞到了火星上空，这大大增加了我们对火星与太阳风之间相互作用的认识。3年之后，行星科学家们利用MAVEN的数据估计：仅仅数亿年间，火星就因为太阳风而失去了它大气中90%的二氧化碳。原因可能在于火星扭曲的磁尾，它与太阳系中任何其他行星上的磁尾都不相同。火星确实有一些局域磁力区 ——它过去的全行星磁场的小小遗迹。这些磁感线与太阳风中的磁感线混合，形成了这颗行星不同寻常的纠缠着的磁尾。当这些磁感线重联时，火星大气离子逃逸的大门便打开了。太阳耀斑也与太阳风合伙同谋。2017年9月，人们经常提及的X8.2级耀斑，导致火星的热层（thermosphere）膨胀至这颗行星的电离层。根据MAVEN的测量，这时，氧分子流失的速率高于正常值的50%，就连水也未能免遭太阳风和辐射的荼毒。2019年4月，一项由安·卡里纳·旺达勒（Ann Carine Vandaele）领导的研究发现，火星的恶性尘暴能够帮助水分子上升80千米，从而进入这颗行星的大气层。水的化学式是H_2O，即两个氢原子和一个氧原子成键形成的分子。太阳辐射能够打断原子之间的化学键，让太阳风将氢原子和氧原子带进火星的磁尾，并进一步带入行星际空间。

　　火星没有全行星的磁场，所以它的两极上空不会出现像地球那样让人动容的极光。那里不存在把带电离子从太阳转移到火星极地的渠道，因此火星的光学表演往往是面向整颗行星的。它们于2005年被ESA的火星快车（Mars Express）航天器第一次看到，而且最常通过紫外线看到。在2017年9月的太阳活动增强期间，MAVEN见证了相当于常量25倍的极光活动。几个月之后的2018年夏天，人们发现了一个令人困惑的现象：来自太阳风的质子轰击向阳的火星，生成了紫外极光。这种现象在开始时根本无法得到解释。质子应该被火星弓形激波反射围绕行星偏转才是。负责该项目的科学家们惊讶地发现，质子正从环绕行星的一个庞大的氢层上盗取电子。现在结合在一起的粒子的电荷相互抵消了，于是它们可以轻松自如地穿越弓形激波而不受阻碍。这就好像太阳风质子为了穿过"边检口"而乔装打扮了一样。

• 让太空旅行者安全

火星周围的磁环境很重要，我们正计划在21世纪中叶派遣第一批宇航员探访这颗红色行星。要让这次航天使命完成，我们必须保护脆弱的人类空间旅行者，让他们免遭太阳辐射的威胁。2018年9月，利用来自火星痕量气体轨道探测器（Mars Trace Gas Orbiter）的数据，科学家们估计，宇航员在一次往返航行中受到的辐射将是他整个职业生涯全部允许量的60%，这还不包括他在火星表面上停留时所受到的辐射。根据"好奇号"上的辐射评估探测器（Radiation Assessmen Detector, RAD）的数据，人在火星接受的辐射剂量相当于每周做一次全身CT扫描所受到的辐射剂量。太阳活动于2017年加强，这让探测器在2天多的时间内的辐射检测量加倍。当暴露于这种攻击环境下时，人类细胞的DNA会遭受损伤，其原因可能是能量直接涌入，也可能是一种叫作自由基的破坏性粒子在作用。其造成的后果包括辐射病、白内障、癌症，甚至死亡。尽管当前正在考虑各种可能性，但我们还没有找到保护宇航员使其免受这种危险的有效方法。

在2019年4月美国物理学会（American Physical Society）的一次会议上，一个来自艾奥瓦州德雷克大学（Drake University in Iowa）的本科大学生团队提出了一个想法：在设计中采用强大的磁铁，将太阳风中的带电粒子传送到航天器两端的电离气体区域。这将以地球的电离层减慢轰击它的粒子的方式降低危险粒子的速度。做出的这类努力很有希望，但在有效地保证我们的太空旅行者安全方面，我们还有很长的路要走。要在火星的尘埃上留下人类的脚步，太阳仍然是较大的障碍之一。然而，与离开太阳向外的下一颗行星木星相比，火星周围的辐射就是小巫见大巫了。

• 巨型磁层

木星在太阳系中毫无争议是最大的行星。人们可以把其他所有行星放到它里面还有空位。木星如此巨大，其主要成分是氢——宇宙最轻的元素。当人进入木星内部越深，这种气体的密度因为挤压而变得越大，直到最后它变成了一种高压液体，叫作金属氢。发生在这样的"海洋"中的对流就像一台发电机，产生了木星的全行星磁层——太阳系中仅次于日球层的第二大外层结构。它的大小是地球磁层的100万倍，是由"先驱者10号"（Pioneer 10）探测器在1973年第一次直接观察到的。这台航天器也是第一个在太阳风中检测到了钠离子和铝离子的航天器。木星的两个磁极当前与地球的相反，朝上的那个是北磁极。木星的磁层会随着太阳的活动发生显著变化，最远可以延伸到距离木星上方700万千米的地方。5个太阳可以肩并肩地存在于这个缝隙中。如果我们能够在夜空中看到木星的磁场，那么它的磁层看上去要比满月还大。木星的磁尾要大得多，拖曳在行星后面，甚至在超越了土星的轨道之后还在继续延伸，延伸距离超过了5亿千米。木星的磁场强度是地球的10~20倍。它也是一个比地球复杂得多的体系。木卫一（Io）是这颗行星的卫星，上面遍布火山，每秒钟都会向木星的磁层喷吐1吨重的硫。这颗行星的自转周期略微小于10小时，有数量相当大的额外等离子体在它周围加速运动。地球的极光基本上是与太阳风相互作用的结果；与此不同，木星的极光是由太阳风和来自木卫一的物质共同形成的。

2016年2月，一个以木村（Tomoki Kimura）为首的国际研究团队发现，离太阳风与木星的磁层相遇的位置最近的是木星的X射线极光高峰出现的地方。5个月后，NASA的"朱诺号"（Juno）航天器到达木星，进入了让它能够经常飞越木星两极的轨道。这让它处于木星的赤道辐射带之外，但即使如此，这台航天器仍然会在5年的工作期间暴露于20万希沃特（sievert）[1]的辐射之下。这是1986年的切尔诺贝利（Chernobyl）核事故中单个应急人员受到的辐射剂量的1.25万倍（或者是做腹部X线透视时受到的2亿倍）。到了2017年10月，木村领导了另一个国际科学家团队。这一次他们利用"朱诺号"看到，来自木卫一的硫离子向外飞出了100万千米，通过木星高速自旋形成的力飞向该行星的磁层顶。然后，它们又沿着磁感线加速飞回，向木星的两极飞去，而且在那里冲击进入了大气。甚至存在这样的可能，即来自太阳风的冲击波对木星磁层的冲击是让硫离子向两极飞去的原因。2019年4月，天文学家们发表了他们利用位于夏威夷的昴星团望远镜（Subaru Telescope in

---

1 基本辐射剂量的单位之一，是一个由于人类健康安全防护上的需要而确定的具有专门名称的国际单位。1希沃特会让人恶心；2~5希沃特会让人脱发、出血，许多情况下会致死；6希沃特即令人很难生存。

Hawaii）对木星进行极光观察的结果。他们的结论是，从天而降的粒子在木星大气中穿透的距离是在地球的情况下的3倍，对大气的加热程度超过了人们原来预期的。加热的结果也是相当直截了当的。在太阳风抵达磁层的一天之内，数百万千米外的木星云层便出现了极为明显的变化。

• 土星奇观

木星围绕太阳公转的轨道直径只有地球的轨道直径的5倍左右，土星的差不多2倍于木星的。1979年，"先驱者11号"（Pioneer 11）是到达这个著名的带环行星的第一台空间探测器，但我们有关土星的知识是2004年的"卡西尼号"（Cassini）航天器到来之后传送回来的。它用了13年的时间探索土星的环、卫星和磁层，最后于2017年按计划坠毁在这颗行星上。它的燃料不多了，科学家们不想让它随意坠毁在有可能具有极大科学意义的原始区域内。正是由于"卡西尼号"，我们才知道，当太阳风到达土星的时候，它的密度是到达地球时的1/50。它冲击了土星的磁层，促使这个行星的一个磁层顶逆风形成，其大小是土星直径的8~14倍。

2016年，一个来自伦敦帝国理工学院（Imperial College London）的团队分析了"卡西尼号"10年的数据，回顾了这台探测器从2004到2014年将近900次飞越土星的弓形激波上空的经历。他们的工作证实，尽管从太阳到这里的旅程历时40天，但太阳风中的帕克螺旋的形状至少在太阳风到达这个有环行星上时仍旧保留着。2017年，人们利用哈勃空间望远镜花了7个月的时间观察土星的极光，而且特意把这次探索安排在与"卡西尼号"结束对这颗行星观测的同一时间。土星的一些北极光是由太阳风引起的，但像火星一样，它们也仅在紫外线下可见。在土星围绕太阳公转的整个11年周期中，"卡西尼号"也精确地测量了它们的辐射带，弄清楚了它们是以何种方式对太阳产生的巨大变化做出反应的。这些辐射带极为庞大，从这颗行星最内层的环向外延伸到土卫三（Tethys，土星62颗已知的卫星之一）的轨道，其长度超过28.5万千米。它的一些其他的卫星——土卫十、土卫十一、土卫一和土卫二（Janus, Epimetheus, Mimas and Enceladus）永远都镶嵌在这些辐射带上。与地球的范艾仑辐射带不同，这些结构中的主要物质并非来自太阳风，而是由土星的卫星制造的，其中尤以土卫二为甚。这颗冰质卫星每秒钟向土星的磁层加入100千克电离态的水分子。土星最大的卫星是土卫六（Titan），它95%的时间都在土星的磁层之内。然而，2015年1月，"卡西尼号"团队发表了这台探测器在1年多以前低空飞越土卫六的观察结果。其中披露，一阵突然爆发的太阳活动将土星的磁层顶向后推，让它的这颗巨大的卫星暴露在太阳风中。负责航天器的科学家们眼看着土卫六以与火星类似的方式与太阳风相互作用。

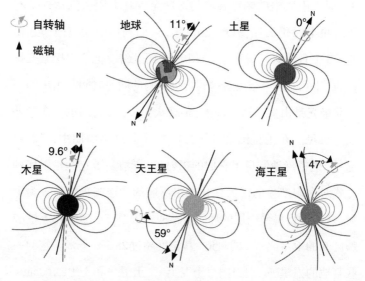

上图为4颗巨行星的磁层与地球磁层的比较图。天王星和海王星的磁场偏离得特别厉害。

• 研究冰巨行星

"旅行者1号"（Voyager 1）和"旅行者2号"（Voyager 2）行星际探测器分别于20世纪70年代与80年代探访了木星和土星这两颗巨行星。"旅行者2号"甚至继续向前，探访了天王星

（Uranus，1986年）和海王星（Neptune，1989年），它现在仍然是唯一探访过所有这些冰巨行星的航天器。有人认为，天王星拥有太阳系中最古怪的磁层。这颗行星本身向一侧倾斜，绕着一根与它围绕太阳公转的轨道平面成98度的轴自转。天王星的磁场又与这根轴成59度，而且它的磁轴并不穿过行星的中心——它的磁场线穿出的地方离其南极尚有1/3的路程。

2017年，从佐治亚理工学院（Georgia Institute of Technology）而来的曹鑫（Xin Cao）和卡罗尔·帕蒂（Carol Paty）以"旅行者2号"迅速飞越天王星时取得的5组数据为基础，为这颗行星的磁层做了模型。他们在研究报告中提出，因为天王星的磁场线每隔17小时（天王星上的1天）就会在太阳风中侧向翻滚，因此磁重联每天都会发生。这种如同钟表一样准时的重联让天王星的保护盾就像被控制的电灯开关一样时开时关，周期性地让太阳风时进时出。全世界的报纸助理编辑都夜以继日地对曹鑫和帕蒂的发现做了报道，其中用了一些半开玩笑的标题，如"天王星每天时开时关"之类。海王星的磁场几乎同样是倾斜的，偏离它的自转轴47度。如果这种偏离发生在地球上，北磁极会出现在中欧。2015年，在结合了"旅行者2号"的数据和超级计算机的计算结果之后，来自帝国理工学院的研究者们首次为海王星的磁层做了模型。他们的研究工作揭示，海王星的磁层很不对称，一侧明显鼓胀。然而，我们对于这颗行星和它与太阳风的相互作用还了解得太少。一份于2018年12月发表的研究报告呼吁，在今后的10年中，请NASA这类空间机构将对这两颗行星的探索列入顶级优先事项。

·行星之外

海王星现在是已经确认的太阳系最外层的行星。然而，当"旅行者2号"探访它的时候发现情况并非如此。当时冥王星还被人们认为是一颗行星。它于2006年8月被降级为矮行星（dwarf planet），因为它的轨道邻域有其他天体（它和海王星的轨道有交叉）。此前7个月，NASA已经发射了"新视野号"（New Horizon）探测器，前往探索这个遥远的冰之世界，并最后于2015年7月到位。也就是说，当"新视野号"发射时，冥王星还是一颗行星；但当这台探测器到达时就已经不是了。冥王星没有自己的磁场，因此天文学家们预估，即将看到太阳风剥去冥王星的大气。这与发生在彗星上的情况类似。然而，"新视野号"告诉我们，冥王星失去大气的速率是我们预想的1%。它与太阳风的关系更近似于火星的情况，而与彗星的情况相差较大。2017年，来自佐治亚理工学院的约翰·海耳（John Hale）和卡罗尔·帕蒂得出的结论是：当冥王星最大的卫星冥卫一（Charon）来到这颗矮行星与太阳之间时，改变了冥王星的弓形激波。这有助于保护冥王星的大气层，令其不受很稀薄的太阳风的摧残，而后者的密度这时已经降到了它进入地球时的1/1000。

长期以来，人们对太阳系外层的探索一直不多，因此，在距离它的发源地如此之远的地方，我们对于有关太阳风状况的知识掌握得相对较少。历史上曾经到过土星或更远的地方的，只有6台航天器："先驱者10号""先驱者11号""旅行者1号""旅行者2号""卡西尼号""新视野号"。2019年，埃塞基耶尔·埃克尔（Ezequiel Echer）综合了来自这些航天器的所有数据，建立了太阳风在这种距离太阳相当遥远（15亿千米以外）的情况下的相关图像。他研究的结果表明，太阳风这时仍然以每秒钟400千米的速度运动。这个跨越太阳系的不变速度是早期尤金·帕克所做的预言的关键。当情况发生在太阳风这类瞬间事件上时，共转交互作用区在这种距离上支配着CME。在地球上，CIRs经常没有得到完全发展，但慢速风与高速风风流之间的相互作用往往会在火星与木星的轨道之间取得峰值。来自邻域CIRs的冲击波甚至能够相互碰撞，形成合并相互作用区（merged interaction regions, MIRs）。2018年，来自德国马普学会太阳系研究所的伊莱亚斯·鲁索斯（Elias Roussos）得出的结论是：在"卡西尼号"最后21个月围绕土星旋转的绝大多数时间内，这颗行星都暴露于CIRs的冲击波下。在同一时期，人们仅检测到了两次CME。

CME在MIRs之间遭到挤压，而在到达太阳系外层时，它们的结构已经发生了很大的改变。尽管如此，我们还是从太阳开始追踪了一次CME，一直到它抵达冥王星甚至可能更远的地方。2014年10月14日，一次CME爆发了。它没有击中地球，却击中了散布在太阳系广阔空间内相距遥远的10台不同的航天器。2天之后，它到达了金星并击中了"金星快车"（Venus Express），然后在次日被位于火星的MAVEN检测到。到10月22日，它已经追上了ESA的"罗塞塔号"（Rosetta）航天器，后者正在探索一颗位于火星和木星之间的彗星。11月12日，它来到了土星，被"卡西尼号"发现。2015年年初，"新视野号"在前往冥王星的路上感受到了它的影响，而且它甚至可能在2016年3月击中了"旅行者2号"，这是在日冕物质抛射发生将近1.5年以后。这提醒我们，太阳的影响远远超出了行星的范围。

· 我们派往最遥远星际的使者

近年来，由于两台"旅行者号"行星际探测器的帮助，我们开始学到了更多有关太阳系的这些从未被标注的背景知识。它们现在距离太阳如此遥远，故此它们的信号尽管以光速（每秒30万千米）传播，但仍然几乎需要1天才能抵达地球。这些信号的功率是一块数字手表的5×10^{-11}。这些探测器仍然依赖于20世纪70年代的科技，其数据记录在一卷足够坚韧的磁带上。磁带在缠绕一段等于美国宽度的距离之后才会开始磨损。这两台探测器都携带着金唱片，它们就像装在瓶子里的信息，被撒到了浩瀚的宇宙海洋之中。它们将对有一天可能偶尔发现它们的任何航天种族讲述人类的故事。时任美国总统的吉米·卡特（Jimmy Carter）写下了如下信息：

这是来自一个遥远的小小世界的礼物，一个关于我们的声音、科学、形象、音乐、想法和感情的象征。我们试图在我们的时代中活下去。这样，我们或许才可以进入你们的时代生活。

唱片中也有一份来自时任联合国秘书长库尔特·瓦尔德海姆（Kurt Waldheim）的信息，但后来查明，此人曾作为情报军官为纳粹工作，因此很可能不是人类的优秀代表。里面还有全球各地的115份影像、来自自然界的声音及用55种语言发出的问候声。听完这些12英寸的镀金圆盘铜唱片的所有面大约需要1小时，唱片上刻蚀着如何放送它们的说明。富有争议的是，其中还包括一份天空图，里面以14颗脉冲星为参照物标示了太阳系的位置。所谓的脉冲星就是大型恒星死去的核。我们可能泄露了一块星际空间重大资产的坐标。一块2厘米宽的铀–238

小块刻蚀在每一块唱片上，被用作微型时钟。只要测量一下这种放射性物质有多少已经衰变，外星人就可以弄清这台航天器是在多久以前发射的。这种铀的同位素的半衰期是45亿年，差不多是地球当前的年龄，这将保证这座时钟在未来几十亿年间持续工作。

· 日球层

这就是两台"旅行者号"行星际探测器的未来。现在它们仍然在发回位于太阳的磁场影响区与星际空间之间的空旷区域的宝贵数据。正如地球的磁场在太阳风中创造了一个气泡（磁层）一样，太阳的磁场和太阳风也在来自其他恒星的风中建筑了一个蚕茧（日球层）。"旅行者1号"接近这个蚕茧的边界的第一个迹象，即它在2004年穿越一个叫作终端激波（termination shock）的区域时出现，那里的距离是冥王星到太阳的平均距离的2倍。3年后，"旅行者2号"同样到达了那里。终端激波是太阳风与来自更广阔的银河系（我们的太阳从属的庞大集团）的渐渐渗入日球层的物质相遇的地方。这种相互作用让太阳风减速——从大约每秒400千米的超声速降到了低于每秒100千米的亚声速。两台"旅行者号"航天器都能够感受到，在它们身后，太阳风的暴虐程度下降了。它们已经进入

了一个叫作日鞘（heliosheath）的区域，正在朝着日球层的边缘
挺进。

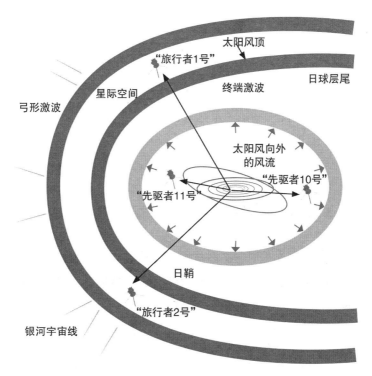

日球层是由太阳的磁场和太阳风形成的庞大的磁场蚕茧。两台
"旅行者号"行星际探测器都已经在探险途中超越了这一蚕茧。

到了2012年5月，主持"旅行者1号"航天器的科学家们认
为，他们的探测器正在接近太阳风顶（heliopause）——通往星
际空间的真正门户。此前1个月，航天器检测到的银河宇宙线

数目增加了9%。与此对比,此前3年的增幅是25%。在正常情况下,日球层能够有效地保护太阳系和地球不受这些从银河系入侵的高能粒子的伤害。但在日球层的边界,太阳的磁场会与星系的磁场重联,从而撕开护甲。这种情况与发生在地球的磁层顶上的重联而让太阳风进入的状况相同。当星际磁场开始在日球层的边界越积越多时,"旅行者1号"测量到局域磁场强度增加了1倍。2012年8月,它每秒钟检测到的质子有25个,但到了10月就只有2个了,显然发生了某种变化。

· 进入星际空间

2012年,空间科学家们开会,就"旅行者1号"是否已经离开了日球层进行投票。到了2013年9月,他们有了足够的自信,宣布"旅行者1号"已经在2012年8月25日或其前后离开了日球层。之所以用了这么长的时间来确认这一历史性的壮举,是因为从探测器发回的数据信息并不完全符合科学家们的预想。他们收到的信息显示,磁场的方向并没有发生很大的转变——这种情况实在让人吃惊。结果,包括乔治·格洛克勒(George Gloeckler)和伦纳德·菲斯克(Lennard Fisk)在内的一些研究人员都觉得非常可疑。2016年11月,这两位科学家发表了一篇论文,声称"旅行者1号"根本还在日球层内。然而,

2017年的一份研究表明,太阳磁场和星际磁场的重联可以解释磁场方向没有发生大的改变的原因。而且,"旅行者1号"的等离子体科学(Plasma Science, PLS)仪器早在1980年它还在土星附近的时候就损坏了。2007年,科学家们为了节省能源关掉了它。也就是说,探测器无法直接测量星际离子,而这本是追踪局域磁场的一种方法。2018年12月,科学家们宣布,"旅行者2号"已经在几周前的11月5日离开了日球层。这次的新闻发布要快得多,因为"旅行者2号"的PLS仪器仍然在正常工作。它在未来几年中看到的情况,将在很大程度上解决有关越过太阳风顶的区域的争论。

• 星际之谜

天文学家们对于"旅行者2号"已经离开这一点都很有把握,因为太阳风粒子的局域浓度迅速降低,而宇宙线粒子的数量急剧飙升。弄清宇宙线是如何进入日球层的,这一点十分重要,因为它们在最近发现的一种神秘现象中扮演了重大角色。根据费米 γ 射线空间望远镜(Fermi Gamma-ray Space Telescope)7年的测量数据,太阳喷射的 γ 射线是理论预测的7倍。γ 射线是由日核中的聚变反应产生的,但我们已经在第五章中看到,它们的大部分能量已经在走向光球的10万年过山车之旅中损失了。人们认为，太阳发射的任何 γ 射线，都是在入射宇宙线（高能质子）遭到日冕中的强磁场反射后再次进入空间时产生的。γ 射线是在这些镜像粒子与太阳大气中已有的等离子体碰撞时产生的。发表于2019年3月的一份研究报告确认，如果 γ 射线确实超出我们的标准太阳模型预测的6倍，这将让能量最高的太阳 γ 射线增加到我们观察到的20倍。过剩量似乎随着11年的太阳周期涨落，峰值出现在太阳极小期。这与宁静太阳会给予更宽阔的日球层较少的保护的想法一致。所以，或者进入日球层的宇宙线比原来设想得多，或者还有某些有关太阳磁场的基本问题是我们尚不理解的。探索日球层的边界，这将告诉我们哪一种设想的可能性更大。如果是后者，这些宇宙线可以提供一个测量日冕中磁场的强度和方向的方法，它比我们在第九章中看到的方法更新、更全面。

• 它是什么样子的？

想要理解日球层，并且知道它会允许多少银河物质进入，我们就需要有一个有关它的总体形状的准确图像。近年来，人们也对此有着诸多争议。两台"旅行者号"行星际探测器在不同的位置越过了它的边界。因此，在描述它的整体大小和结构方面，航天器给予我们的信息受到自身视野的局限。请你想象自己先后通过两座小桥跨过亚马孙河（Amazon river）。如果让你详细地描绘它从秘鲁一直到它在大西洋入海的地方的蜿蜒之旅，这实在是强人所难。不仅如此，而且太阳风顶的位置也因为喷射进入其中的物质随着太阳周期变化而起伏不定。20世纪90年代初，计算机模型表明，日球层的形状应该与地球的磁层非常相像。太阳风顶可能是粗短的，但日球层尾（heliotail）可能拉得很长，向前面伸展，以每秒25千米的速度切入银河系。

人们根据NASA的星际边界探测器（Interstellar Boundary Explorer, IBEX）所获得的数据，有力地证实了这一观点。这台探测器于2008年10月19日发射，进入了一条于地球之上20万千米高的轨道。与传统的望远镜不同，IBEX收集的不是光子，而是人称高能中性原子（energetic neutral atom, ENA）的粒子。这些粒子形成于太阳风顶内或它的周围，来自星际空间的氢原子在那里进入太阳系。一个氢原子是由一个质子和一个围绕它运动的电子组成的。这让它呈电中性，也就是说，它不会受到磁场影响而发生偏转。当一个来自太阳风的高速运动的质子与这样一个来自星际空间的闯入者（interstellar interloper）相遇的时候，前者可以剥夺后者的电子，令其本身呈电中性，成为ENA。现在它不再需要服从磁力的安排，而能够以每秒几百千米的速度从任何方向进入太空。IBEX可以检测到以微小的比率重返地球的 ENA, 探测它们的时间不到 1 秒钟。这些 ENA 中的质子经历了 3 年的漫长旅行: 首先是从日冕向太阳风顶的 200 亿千米的孤独漫步, 然后在差不多同样漫长的路程上, 裹挟着一个星际电子返回。ENA 可以帮助天文学家们研究日球层的总体形状, 特别是通过观察这些粒子的产量是怎样因为一股强劲的太阳风而改变的。来自太阳的干扰通过长尾巴传播的时间长于通过太阳风顶的短区间传播的时间。因此, 你预期看到的来自日球层尾的 ENA 的数量变化比较小。IBEX 数据反映的似乎正是这样的情况。

但事情并非如此简单。2017 年发表的 "卡西尼号" 航天器的测量结果与此不符。在围绕土星旋转的 13 年里, "卡西尼号" 也观察了 ENA。但它这次发现, 来自太阳风顶和日球层尾两处的 ENA 的表现方式类似。这说明日球层圆润得多, 没有这样突出的尾巴。以来自波士顿大学 (Boston University) 的梅拉夫·厄斐尔 (Merav Opher) 为首的一支团队以前的研究结果与此相一致。2015 年, 厄斐尔发表了她对日球层, 以及它与星际空间的磁场相互作用的模拟结果。过去的研究认定, 在进入太阳系空间如此之远后, 太阳的磁场基本上是被动的。但厄斐尔设计的计算机模型表明, 太阳磁感线的张力让它们对于将之拖入日球层尾的尝试有抵触。这迫使太阳风向太阳的南北两极喷射, 如同向外挤牙膏一样。厄斐尔设计的日球层模型看上去更像一个羊角面包，这要比传统图像上显示的带有拉长尾巴的日球层圆润得多。

尽管厄斐尔的想法是通过计算机模型而不是直接观察的结果得出的，但科学家根据"卡西尼号"2017年的数据获得的结果在本质上支持一种类似的结论，她的想法也因此得到了更多认可。对于这个由来已久的争论，最后的仲裁者很可能会是预定于2024年发射的星际测绘与加速探测器（Interstellar Mapping and Acceleration Probe, IMAP）。它将以与IBEX类似的方式工作，但将更准确地记录ENA到来时的方向与时间，同时能敏锐地观察能量范围更广的ENA。它应该能够帮助天文学家们绘制日球层三维图像。与坐镇地球的磁层内部的IBEX不同，IMAP将被发射到L1。它将在那里测量从它身边流过的太阳风的变化。不但这些数据能够为我们的空间天气预报提供信息，而且IMAP本身也能把太阳风强度的增加与大约3年后从日球层反射回来的ENA的数目的增加相联系。

• 过去之后会遇上什么？

在我们等待IMAP发射升空的时候，IBEX也揭示了一些让太阳物理学家们深思的奥秘，包括所谓的IBEX色带（IBEX ribbon）。一些质子从太阳风中飞出去，在没有到达终端激波

之前(更不要说到达太阳风顶了)就与一个氢原子相遇。一个
太阳风质子如果像这样从一个原子那里偷走一个电子,那就可
以继续不受阻碍地向外飞,直接穿过日球层的边界进入星际
空间。要不了多久,它就会遇见一个质子,后者将没收它新得
到的电子,让它再次变成一个孤独的质子。它如果后来从另一
个星际原子那里偷走一个新的电子,那就又可以重新穿入日球
层,并被IBEX检测到。人们称这样的粒子为"二次ENA",它
们的数目可能以3∶1的比率超过普通ENA的。分析了IBEX数
据的科学家们证明,二次ENA来自一条围绕着整个天空的被命
名为IBEX色带的窄带。这条窄带大体坐落在两台"旅行者号"
行星际探测器中间的位置。如果我们弄清了这条窄带的形状
和分布,就可能得到一些珍贵的情报,了解有关日球层外的空
间结构的知识。这是一种认识更广阔的银河系的情况的方法。
"旅行者号"行星际探测器为我们提供了与此互补的方法,尤其
是现在正在星际空间并带有可用的等离子体科学探测仪器的
"旅行者2号"。

　　尽管破纪录的"旅行者号"行星际探测器已经飞出了日
球层,但它们还没有像人们普遍错误报道的那样离开太阳系。
"旅行者1号"是在距离我们121个天文单位[AU,其长度接近
日地距离(1.5亿千米)]的地方穿越太阳风顶的,而"旅行者2
号"离开日球层的地方距离我们要略微近一点。那里比所有现

在看到的5颗矮行星所处的位置都远，但后来，天文学家们竟然在更远的地方发现了新的天体。

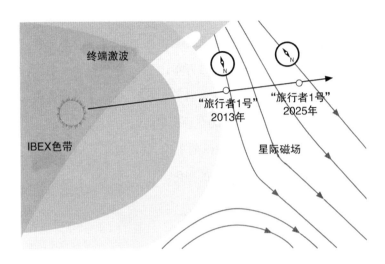

日球层和星际空间之间的边界区域，包括IBEX航天器检测到的ENA窄带。

2019年2月，天文学家们宣布发现了有史以来探知的围绕太阳旋转的最遥远的天体。绰号"超遥之星"（FarFarOut）的这个天体位于140AU远的地方。两台"旅行者号"行星际探测器都没有到达我们的太阳系的最外层，甚至可能还没有到达太阳系中最遥远的行星所处的位置。天文学家们开始怀疑存在着一颗所谓的第九行星，因为他们认为：许多在冥王星外围绕太阳旋转的天体的轨道很有规律，而第九行星的引力是这种现象背后的原因。计算表明，这颗行星有可能隐藏在距离太阳至少400AU的地方。很有可能的是，一群叫作奥尔特云（Oort cloud）的彗星甚至漂泊在比这更远的地方。以它们现在的速度，两台"旅行者号"行星际探测器将在300年后到达奥尔特云的内层边缘。此后继续飞行3万年，它们才会飞越整个奥尔特云。只有这时，它们才真正走出了太阳系，进入了外面的银河系。银河系是一个拥有2000亿颗恒星的庞大集团，由于同一个人——扬·奥尔特（Jan Oort）的工作，我们对于太阳在银河系中位置的认识发生了革命性的变化。

12

遨游银河系

我们曾经认为地球处于宇宙的中心，直到现在才知道，地球正在围绕着一颗中等大小的恒星旋转，而它只不过是银河系中数以百万计恒星中的一颗。

——史蒂芬·霍金（Stephen Hawking）

并非每一天都会有由太空事物引起的普遍惊恐。然而，1910年春，一个天文学发现让很多人歇斯底里。时隔76年，哈雷彗星（Halley's comet）将重返太阳系内层。有关它的流言蜚语满天飞，说它将带来致命的灾祸。

2年前，天文学家们就已经分析了来自莫尔豪斯彗星（一个冰雪世界，爱丁顿利用它来推测太阳风）的光的谱线。他们在其中确认的一种化合物是氰化物。法国天文学家卡米耶·弗拉马里翁（Camille Flammarion）当时为《纽约时报》写了一篇文章，文中说这种有毒气体会在哈雷彗星经过时如同雨点一样从天而降。总是热衷于快速敛财的小贩们到处兜售万用妙药, 另外还有防毒面具和定制的彗星伞, 进一步加剧了局面的混乱情况。有两个人因为把包装起来的糖片当成抗彗星药出售而在得克萨斯州被捕。与此同时, 在另一个大洲的荷兰诺德韦克市 (Noordwijk in the Netherlands), 10 岁的扬·奥尔特正与父亲一起站在海滩上。他亲眼看到了壮观的彗星, 加上对于儒勒·凡尔纳的科幻小说的热忱, 激起了他对天文学的热爱。奥尔特一家几代都是牧师, 而奥尔特与他的祖先完全不同, 他对天空产生了兴趣。他想要弄明白宇宙的规律。奥尔特将继续发展, 并拥有辉煌的职业生涯, 铸就自己作为 20 世纪重要的天文学家之一的地位。他于 1992 年去世, 享年 92 岁。苏布拉马尼扬·钱德拉塞卡以这样的话表达了天文学界对他逝去的悲伤:"天文学界的伟大橡树倒下了; 我们再也无法在它的树荫下乘凉了。"

• 太阳身处何处?

奥尔特的关键贡献之一就是, 推翻了我们有关太阳在更广阔的宇宙所处位置的想法。他选择在格罗宁根大学 (University of Groningen) 学习, 因为那里是有影响力的天文学家雅各布斯·卡普坦 (Jacobus Kapteyn) 任教的大学。1904 年, 卡普坦证明了太阳邻域恒星的运动不是随机的。太阳和我们在夜空中看到的星辰同在一个大得多的结构中,卡普坦得出的这一结果是关于恒星运动结论的第一份证据。2年后,卡普坦协调组织了在40个不同的天文台工作的天文学家们共同工作,以求更好地理解我们附近恒星的运动。人们很快就弄清楚了,太阳只不过是一个叫作银河系的庞大恒星集团中的普通一员。星系的名字来源于它在天空中的形象:看起来像一条有些泛白的尘埃带,从一边的地平线弯向另一边的地平线[1]。在古罗马神话中,它是英雄赫拉克勒斯(Hercules)幼年时嘴边流下的乳汁,当时他正在悄悄地吸吮女神朱诺的乳头。在伽利略时代,我们就知道,这条带子是由许多昏暗的星辰组成的。我们把银河想象为两个背对背贴在一起的煎鸡蛋,中间厚厚的"蛋黄"部分叫作星系核球(galactic bulge),它的周围有一个扁平得多的圆盘。我们在夜空中看到的这样一个银河,是因为我们就生活在它的圆盘上。但我们在圆盘的什么地方呢?

20世纪的前几十年,卡普坦试图详细地为银河系绘制地图。到了1922年,他已经完成了所谓的卡普坦模型并得出结论:这个星系约为5.5万光年宽,将近1万光年厚(1光年是光在1年内走过的距离,即约等于$9.4605×10^{12}$千米)。在此模型中,卡普坦把太阳放在相当接近星系中心的地方。但奥尔特确信

---

1 这里说的是银河的英文名字:Milky Way。中文可直译为"牛奶路"或"乳汁路"。

情况并非如此。

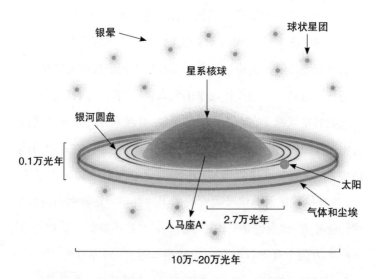

银晕

球状星团

星系核球

银河圆盘

0.1万光年

太阳

气体和尘埃

人马座A*

2.7万光年

10万~20万光年

　　图中表现的是银河系，包括它的星系核球和在核球周围环绕的扁平圆盘。太阳就位于圆盘上。

　　不久前，瑞典天文学家贝蒂尔·林德布拉德（Bertil Lindblad）发明了另一种模型，其中太阳被降格，移到了远离银河系中心的地方。说明情况确实如此的重大线索来自球状星团（globular cluster）的形式：许多组挤在一起的老龄恒星，在远离圆盘的地方围绕着银河系旋转。美国天文学家哈洛·沙普利（Harlow Shapley）的测量结果说明，银河系的各个球状星团都围绕着人马座附近的同一点旋转。他认为那里才是这个星系的真正中心。沙普利的计算结果说明：太阳距离这一点大约5万光年，而银河系本身的宽度超过30万光年。奥尔特通过计算邻近太阳的恒星的运行速度和到这一点的距离，发现它们的运动方式与瑞典人发现的一致。这为林德布拉德的正确观点提供了证据。1927年，奥尔特还有3年才满30岁。他在一篇具有里程碑意义的论文中发表了自己的结果，文章的题目是《证实林德布拉德有关银河系旋转的假说的观察证据》。学生的光辉盖过了老师。

我们今天知道，奥尔特、林德布拉德和沙普利在将近一个世纪之前所做的工作基本上是正确的。太阳确实在远离银河系中心的地方旋转，这个中心确实位于人马座附近。在最近几十年间，我们对于银河系宽度的最佳估计是10万光年，这一数值介于卡普坦和沙普利猜想的之间。但在近几年里，人们正在考虑将这一数字向上修正。2018年5月，由马丁·洛佩斯·科雷多伊拉（Martín López Corredoira）主导的一项研究的结论是：银河系可能有17万到20万光年宽。这值得人们仔细考虑一下，这个数字到底有多大。尽管光速为每秒钟30万千米，但一束光还是要运行20万年才能横跨我们的星系。如果一束光从第一批智人（Homo sapiens）出现在地球上的那天就从一边开始它的行程，那么到现在才刚刚到达另一边。按照"旅行者1号"现在的速度，这台航天器需要35亿年才能飞越银河。

• 革命性的新型望远镜

自从ESA的盖亚空间望远镜于2013年发射以来，我们对这个熙熙攘攘的庞大"都市"和太阳在其中位置的认识有了巨大的转变。这台航天器拥有10亿像素的镜头，是迄今分辨率最高的太空照相机，它每天能对银河系进行4000万次观察，观察到的恒星的亮度可以达到我们肉眼可见的1×10^{-6}。2018年4月，天文学家们享受了一次浩大的盛宴——得到了望远镜有史以来传来的较大的一组数据：在22个月的时间内收集到银河系中17亿颗恒星的速度和位置的测量数据。在此之前，它们中有99%的恒星的距离没有得到过准确的测量。其对于有些恒星的测量精度可以达到在地球上找到月球表面上的一枚硬币的程度。在盖亚空间望远镜留空期间，平均每颗恒星会被研究70次，而按照预期，这台航天器至少在2022年都将持续观察太空。到了盖亚空间望远镜的使命结束之时，它将积攒100万千兆字节的数据。这将帮助天文学家们建立第一套有关我们星系的全面的三维图谱。

盖亚已经帮助我们确定了太阳在银河系中的确切位置。利用这台望远镜记录的数据，天文学家们在2017年估计，太阳与银河系中心之间的距离在24788光年到26745光年。这一相当大的距离说明，太阳将耗时2.2亿年才能完成围绕银河系中心的一次公转，人们有时候把这段时间叫作一个宇宙年。

让我们把星系想象为一个时钟面，而太阳位于时钟的秒针上。最近6000年，太阳围绕着星系挪动的范围等于秒针挪动了1秒钟所覆盖的范围。在太阳漫长的46亿年生命当中，它围绕着星系总共只完成了21次公转。

· 沉睡的巨人

但太阳究竟在围绕着什么旋转呢？这必定是一个有着足够的引力的东西，能够在极其遥远的距离以外牵引着庞大的恒星转动。天文学家们称它为人马座A*（Sagittarius A*，经常缩写为Sgr A*，读作"人马座A星"），因为它的位置在这个星座的方向上。

自从20世纪90年代中期起，一个以加州大学洛杉矶分校的安德烈亚·盖（Andrea Ghez）为首的天文学家团队，就一直在利用夏威夷冒纳凯阿山上的凯克天文台（Keck Observatory on Mauna Kea, Hawaii）的望远镜窥测银河深处的星系中心。他们发现了10颗恒星在围绕着这个中心旋转，周期小于100年。根据这个旋转周期和这些恒星距离中心的距离，天文学家们"称"出恒星全都围绕着的这个东西的质量是太阳的400万倍。这是一个超大的黑洞，一个极度扭曲的空间区域，就连宇宙中速度最快的东西——光线也无法在它的引力控制下逃逸。这种引力足以将银河系中的 2000 亿颗恒星禁锢在围绕它旋转的轨道上。我们只不过刚刚开始认识这些位于星系核心的庞然大物。2019 年 4 月，使用事件视界望远镜（Event Horizon Telescope）的天文学家们发表了一张现在已经成为标志性图片的图像：有史以来第一张关于黑洞的照片。这张照片上的"怪兽"位于一个叫作 M87 的星系的中心，但完成了这一历史性壮举的研究人员并没有隐瞒他们要为银河系核心的黑洞照相的计划。要不了多久，我们就可以看到太阳的引力之旅的中心图像了。

· 银河系最大的谜团

尽管取得了这些显著的成绩，但银河系中还有一些完全无法索解的现象。乍一看，好像星系中的大部分质量都集中在中间，围绕着那个中心黑洞——与庞大的太阳占据着太阳系的中心位置这一现象非常相似。距离太阳越远，围绕它旋转的行星的转速越慢，因为太阳的引力在逐步减弱。水星只用 88 天便能围绕太阳旋转一周，而海王星围绕太阳旋转一周则需要 165 年。银河系似乎并不是按照同样的规则运行的。远离银河系中心的恒星的转速似乎与和中心突起接近得多的恒星的速度相仿。

  这个"旋转问题"的最初迹象出现在20世纪30年代,第一批注意到这个问题的人中的一位正是扬·奥尔特。在注视着银河系边缘的恒星旋转的时候,他发现:它们的运动速度足够快,应该可以摆脱银河系的引力飞入太空。然而他却告诉我们:它们并没有这样做,而是心甘情愿地围绕着银河系的中心至少旋转了1亿年。他在一篇发表于1932年8月的文章中指出:"我们必须承认,从许多方面来说,银河系是非常不合常理的。"他进一步指出,有一些暗物质(dark matter)隐藏在银河系中,这些神秘物质为控制这些高速运动的恒星提供所需的额外引力。无论这些暗物质是由什么东西构成的,为了顽固地遮住我们的视线,它们一定很少发光或完全不发光。

  今天,对这种暗物质的探寻仍在继续,有关它的存在与组成的争论也进行得如火如荼。有关它的真实身份与存在形式的问题仍然是整个天文学界最醉心于得到回答的问题。我们现在知道,在星系中的暗物质的数量似乎远远多于可以在恒星、气体和尘埃中看到的普通物质的(这与奥尔特当时设想的不同,他那时认为情况相反)。2019年3月,在结合哈勃空间望远镜和盖亚空间望远镜的观察结果加以考虑后,天文学家们发表了对于银河系质量的最新估计数据。使用过去利用银河系中心的恒星"称量"人马座A*的相同方法,我们可以利用这些数据在天平上"称量"星系。根据他们的计算,银河系的质量

是太阳的质量的 $1.5×10^{12}$ 倍。人们认为，在这些质量中，暗物质的质量至少占据85%。银河系看得见的扁平圆盘镶嵌在略呈圆形的暗物质晕中。2018年12月，在格罗宁根大学卡普坦天文学研究所（University of Groningen's Kapteyn Astronomical Institute）工作的洛伦佐·波斯蒂（Lorenzo Posti）和阿明娜·希勒米（Amina Helmi），再次利用哈勃和盖亚两个空间望远镜的数据估计了这个晕的形状。他们发现它不是一个完美的球体，其垂直方向长度是水平方向长度的1.8倍。这个晕是使银河系得以搭建的支架。如果没有它，太阳及在地球上存在的生命都永远不会存在。恒星与恒星必须紧密地靠在一起，这样才能让超新星在爆发时用对于生命至关重要的成分来丰富分子云。没有这些恒星爆炸，这些星云或许从开始就不会坍缩为新的恒星。隐藏在银河系晕中的暗物质将恒星紧密地结合在一起，为生命行星创造了必需的条件。

• 它是由什么构成的？

人们提出了几项理论，用以说明这种隐秘的物质是什么。早期的想法之一是：有许多很大却非常昏暗的天体，如黑洞，散布于星系各处，每一个都提供了额外的"引力胶水"，帮助把银河系黏结在一起。人们称这一理论中所说的物质为晕族大质量致密天体（MAssive Compact Halo Objects, MACHOs），但它在21世纪初露曙光的时候没得到多少人的青睐。这一理论认为，这些天体中偶尔会有一个在地球和一个更遥远的恒星之间经过。MACHOs会通过让星光弯曲以说明自己的存在，这和太阳在1919年爱丁顿观察日食期间所做的一样（见74页）。然而，天文学家们没有看到足够数量的这种事件，因此无法证明确实存在足够的MACHOs，以9∶1的优势压倒可见物质。实际上，如果暗物质是由紧凑的物体组成的，那么它们每个的质量都必须小于月球的。包括史蒂芬·霍金在内的理论工作者认为，在宇宙大爆炸（Big Bang）之后不久诞生的微型黑洞［叫作原初黑洞（primordial black hole, PBH）］能够满足要求。它们必定只有1毫米的1/10宽。然而，由于最近的一次实验，人们对这些微型黑洞是否能够解决暗物质之谜产生了深深的怀疑。一个国际天文学家团队利用夏威夷的昴星团望远镜观察了距离我们最近的仙女座（Andromeda）星系，并于2019年4月发表了他们的观察结果。他们认为，来自仙女座的恒星光线会因为受到PBH在途中的干扰而发生短暂闪烁。他们试图观察这种闪烁现象。如果暗物质确实主要是由微型原初黑洞组成的，那么他们在研究期间应该能够观察到大约1000次这样的事件，但实际上他们只观察到了1次。

最近20年来，因为MACHOs看上去越来越不像确有其事，所以人们把注意力转向了弱相互作用大质量粒子（Weakly Interacting Massive Particle, WIMP）。这是一个人们半开玩笑提出来的简称，是MACHOs的另一个极端，但也准确地总结了人们认为这些粒子应该有的行为方式。"弱相互作用"指的是它们不发射或反射任何光（所以它们一直是"暗"的）。"大质量粒子"说明，足够数量的大质量粒子会产生将整个星系聚集在一起所必需的强大的总体引力。WIMP理论的最诱人之处是，它并非单纯是为了解决如银河系这类星系的旋转问题而被提出的。引力远远弱于其他三种基本力［这也叫"级列问题"（hierarchy problem）］——这一理论的一些最受人欢迎的解释中也存在WIMP的踪迹。无论什么时候，如果同样的回答可以解决两个不同的问题，人们就会有更多的理由认为自己的思路是正确的，也会在它身上下更大的赌注。

• 如何找到它们？

如果WIMP真的存在，那么当太阳围绕到处都是暗物质粒子的银河系旋转时，它应该穿过了大量的大质量粒子。据估计，每一秒钟内会有10亿到100万亿个暗物质粒子穿过你的身体。就像我们在第四章中讨论过的中微子一样，它们极少与普通物质起反应。

物理学家们从检测中微子的方法中获得了启示：在地下建造大型实验装置，试图捕获WIMP。南达科他的霍姆斯特克金矿是约翰·巴赫恰勒曾与雷蒙德·戴维斯于20世纪60年代贮藏39万升四氯乙烯以检测中微子的地方。近年来，同一个地下洞穴被用来放置价值1000万美元的大型地下氙（Large Underground Xenon, LUX）实验装置——在2014年10月到2016年5月进行了最后一次实验。实验装置包括一个盛满了370千克液态氙的大罐，周围环绕着25万升水。实验的中心思路是：应该经常有WIMP粒子击中氙原子的原子核，从而产生光子或电子。在装置周围放置的灵敏检测器观察着这些能够说明暗物质与正常物质相互作用的迹象。一个与此类似的项目使用的是XENON 100（液态惰性气体闪光100）实验装置，实验地点在意大利中部的格兰萨索山（Gran Sasso Mountain in central Italy）山下，实验一直持续到2012年。这两次实验都没有发现任何WIMP。科学家们并没有被吓到，而是从那时起一直建造大型地下氙－液态惰性气体闪光（LUX-ZEPLIN）联合实验装置。这次将使用7000千克液态氙，让装置的灵敏度提高到前一次的70倍。实验将在2020到2025年实施。萨德伯里矿井是最后解决了中微子问题的地方，在这里人们已经开始建造超低温暗物质搜索（Super Cryogenic Dark Matter Search, SuperCDMS）实验装置。每个直径100毫米、厚33毫米的锗和硅的晶体圆盘将被冷却到比绝对零度（理论上可以达到的最低温度，即 -273.15 摄氏度）高几分之一摄氏度的温度。实验预定于 21 世纪 20 年代初开始，如果锗或硅被入射的暗物质粒子击中，那么它们的晶体会产生振动。

还有另一种揭示 WIMP 的方法：它们自己相互反应。物理学家们预言，如果两个 WIMP 相遇，它们将经历一种叫作湮灭（annihilation）的过程。它们会有效地相互毁灭，产生雨点般的粒子和辐射，现有的实验装置应该能够检测到这种现象。如果许多暗物质在相对狭小的空间内挤在一起，那么湮没事件要容易发生得多，如在银河系的中心地带。γ 射线是人们预测的 WIMP 副产品之一，它们的能量很高，甚至在我们的太阳系这样遥远的位置都可以被检测到。有一个实验已经到了非常有希望检测到 WIMP 的发展阶段，其中费米 γ 射线空间望远镜已经看到了来自距离银河系中心几千光年的一个区域（3%的内层）中的过量 γ 射线。它们当然可能完全是由另一个过程产生的，但我们无法断然排除这样一种可能性，即其中至少有一部分是 WIMP 湮灭造成的结果。网罟座 Ⅱ（Reticulum Ⅱ）和杜鹃座 Ⅲ（Tucana Ⅲ）是围绕银河系旋转的矮星系（dwarf galaxies），人们也在靠近它们的中心的地方发现了类似的 γ 射线过多现象。所以，无论正在发生什么事情，这并不是我们自己的星系才有的怪癖。

• 如同一个实验室一样的太阳

然而，最终的暗物质实验室很可能是太阳本身。如果真的有暗物质，那么太阳就会用强大的引力把它们拉向自己。我们的这颗母恒星应该像一台庞大的恒星吸尘器一般吸收了暗物质。有人估计，当前应该有大约6×10^{39}暗物质粒子被困在太阳内部。它们每一个的质量都微小，但加起来的总重量大约为珠穆朗玛峰的2倍。暗物质湮灭应该一直发生在太阳的日核内部及其周围。在两个WIMP相遇时产生的所有正常物质中，中微子是最可能离开太阳来到地球的粒子。关键的是，这些中微子的能量显著大于那些在日核内通过聚变产生的中微子的能量。天文学家们能够轻而易举地辨别其中的不同。在最近整整10年间，人们已经在世界上建立了几个互补的项目，试图发现这些高能太阳中微子。从2008年5月开始，ANTARES实验就一直在法国的土伦市（Toulon, France）海岸线以外的地中海（Mediterranean Sea）水下2500米处进行。12组检测器固定在海床上，一直延伸到水面以上的350米高处。如果一个中微子与海水中的一个分子反应，那就会产生这个实验装置能够检测到的辐射。

位于南极的阿蒙森–斯科特南极站（Amundsen-Scott South Pole station）的南极冰立方中微子天文台（IceCube Neutrino Observatory）是以类似的方式运营的。人们把总共86组检测器安放在地下深达2450米的永久冻土空洞里。它们分布在超过1立方千米范围的冰层中,其中包含着的水足够灌满100万座游泳池。这些检测器可以捕捉到中微子轰击冰中的水分子而产生的辐射。人们选择南极,是因为它的冰是纯天然的——这些冰是一层层沉积的,挤掉了所有会干扰冰立方信号的气泡。然而,在世界的一端建造一台中微子监测站绝非易事。我们每打一个洞都需要48小时,每个洞通过用热水钻机融掉超过75万升结成冰的水来达成。整个项目历时7年方才完成,因为由100名工程师组成的团队只能在每年11月到次年2月的南极夏季工作。由于地球的倾斜,太阳永远不会在南极的冬天升起。现在,只有一个由2名科学家组成的骨干团队在冬天留在现场维护装置。而在夏天,这里住着100多名科学家,其中许多人试图加入"300俱乐部",其条件是:需要在桑拿浴后跑到室外的冰天雪地里经历一次300华氏度(149摄氏度)的降温。这是一个证明:我们能够为了解决宇宙中的大难题之一而准备到什么程度。2019年3月,在威尼斯(Venice)的一次研讨会上,冰立方的科学家们展示了一份历时10年获得的成果。捕捉到的粒子中包括迄今记录到的能量最高的中微子,他们异想天开地用《芝麻街》(Sesame Street)中的人物"伯特"(Bert)、"厄尼"(Ernie)和"大鸟"(Big Bird)的名字为它们命名。它们来自我们的星系之外,与太阳内部发生的WIMP湮没无关。令人苦恼的是，人们到现在还没有检测到这种高能中微子。它们现在还没有显露自己的真容——如果WIMP确实存在——尽管人们已经耗资百万，进行了大范围的精准搜索。

· 未来的计划

物理学家们不顾一切地寻找答案。他们正在加快实验进度，并将在今后10年中，把对中微子的观察推进到一个新的层次。现在有人提出了冰立方的强化版，并将其命名为下一代升级版精密冰立方（Precision IceCube Next Generation Upgrade，PINGU），这让人想起了另一个深受儿童喜欢的剧目[1]。2019年1月，中国江门的地下中微子观测站（Jiangmen Underground Neutrino Observatory in China）建成。人们在实验装置内的一个透明丙烯酸玻璃球中盛放了2万吨叫作烷基苯的化学品，它就是为中微子设计的陷阱。这台装置将于2021年开始实验。

与此同时，在日本，超级神冈探测器的建设于2020年开始，首次测量预期将于21世纪20年代末的时候开始。如果日核中确实共生着暗物质，那么根据一份发表于2019年1月的研究报告，这一代超灵敏的中微子检测器可以利用另一种方法

---

1 指一部由奥特马尔·古特曼（Otmar Gutmann）创作的儿童动画片——《企鹅家族》（*Pingu*）。

揭示它的存在。伊利迪奥·洛佩斯（Ilídio Lopes）和约瑟夫·西尔克（Joseph Silk）认为，暗物质湮灭为我们展示了太阳从其日核向外层传输能量的另一种方式。这将让日核的温度低于巴赫恰勒的标准太阳模型预测的。我们已经在前面的章节中见到了质子–质子链反应的一个罕见的分支，其中硼–8衰变为铍–8，这一过程中同时还产生一个中微子。雷蒙德·戴维斯在霍姆斯特克矿井中第一次检测到的就是这样产生的中微子。硼–8中微子的数量与日核的温度紧密相关。如果暗物质湮灭降低了日核温度，那么这些新探测器能够看到的硼–8中微子数量应该低于标准太阳模型预测到的。

　　暗物质湮灭也可能为有关太阳本身的一个由来已久的谜团提供答案，该谜团即丰度问题（abundance problem）。天文学家们可以通过两种方式测量太阳的组成：第一种是分析谱线；第二种是通过日震学，因为比氢和氦重的元素的数量能够影响声波在太阳中传播的方式。但这两种方法给出了相互矛盾的答案。光谱分析检测到的碳、氮和氧的含量比通过日震学方法得到的低20%~25%。如果暗物质湮灭正在降低日核的温度，那就会增加局域的密度和压强，从根本上改变声波通过日核传播的方式。如果人们在分析结果时未曾把这一点考虑在内，便可能造成丰度问题。

　　当然，暗物质也可能完全是由别的什么东西组成的，或者根本就不存在。一项替代理论寄希望于一种叫作轴子（axion）的粒子，它们可能是在大爆炸发生后不久的早期宇宙中诞生的。人们预言，它们的寿命足够长，现在应该大量存在于某些未知地点，并暗中操作，导致星系有着如此离奇的转动方式。早在2014年，有一个天文学家团队报告，ESA的XMM–牛顿X射线空间望远镜（XMM-Newton X-ray telescope）捕捉到了一个持续的神秘信号。他们注意到，15年间，在我们这颗星球面向太阳一侧的地球磁层边界上，X射线的产生量增加了10%。在排除了常见的解释之后，这个团队得出的结论是：这个信号与日核内产生的轴子一致。如果这些粒子轰击地球的磁层，它们就可能被转变为X射线的光子，并被XMM–牛顿X射线空间望远镜检测到。但这一点还没有完全定论。大部分研究者对此仍然非常怀疑。一年之内，便有其他研究人员认为，轴子不可能产生可能被观察到的信号。2017年11月，轴子假说遭受了另一次沉重打击，因为这时一台叫作中子电偶极矩（neutron electric dipole moment）的灵敏实验装置似乎排除了它们存在的可能性。

　　这些实验都意味着，捕捉暗物质的网已经慢慢收紧了。让我们假定暗物质确实像大多数科学家们想象的那样，是由大量看不见的粒子组成的。接着让我们想象，这种粒子是一个庞大拼图游戏中缺失的那一块，但你没有装拼图的盒子上的图解，不知道图拼好了之后是什么样子。通过做这些实验，物理学家和天文学家们逐步填上了那些片段。填充的片段越多，缺失的片段的真正性质就变得越清楚。如果我们得到了一个合适的答案，那么它就会告诉我们，我们的银河系的大部分是由什么构成的，是什么让太阳围绕着它运动。这些又将让我们得到新的启示，以求弄清楚让我们走到今天这一步的各种原动力。然而，暗物质并不是太阳在围绕着银河系旅行时遇到的唯一事物，它也曾穿过了银河系最独特的星系旋臂。

· 还有另一个危险

旋臂是从银河系的中心隆起展开的由恒星、气体和尘埃组成的庞大链条。从本质上说，当恒星熙熙攘攘地围绕着星系中心运行时导致了交通堵塞，而这些旋臂就此产生。大批恒星在相对狭小的区域内拥挤在一起，压缩了更多的分子云，形成了新的恒星。当你仰望着一个旋涡星系时，这种局域恒星形成速率的增加会吸引着你极目远眺，让你的眼睛不由自主地看向这些明亮的结构。在很长的时间内，天文学家们一直认为银河系只有两条主要的旋臂；但在2015年，根据NASA的广域红外线巡天探测卫星（Wide-field Infrared Survey Explorer）创造的星图，旋臂增加到了四条。太阳当前大致位于其中一条叫作猎户座－天鹅座臂（Orion-Cygnus Arm, O-CA）的分支的中间位置上，它所在的这个结构只是一个小分支，不在星系的四大旋臂之内。我们的恒星位于O-CA中一个叫作局域泡沫（Local Bubble）的地方，从太阳起至少向外伸展了300光年。与银河系的其他地方相比，物质在这里的稀薄程度简直令人无法想象。如果把一个棱长1米的立方形空盒子放到局域泡沫里，那么它里面只会有5万个原子，其仅是星系中原子平均值的1/10。如果把同一只盒子放置在地球的海平面上，其中就会包含2.5×10^{25}个空气分子。然而，太阳在银河系中的位置不是固定的，当它围绕星系旋转时会穿过旋臂。穿过一条臂通常历时1000万年。在远足期间，太阳会遇到气体和尘埃云，这些云的密度要比当前它所在的局域泡沫周围的云的密度大得多。科学家一直在研究这些事件和地球历史上的大规模灭绝事件之间的联系。

2016年，一个由德宏二村（Tokuhiro Nimura）领导的团队发现了证据。该证据表明大约是恐龙在地表灭绝的时候，太阳曾经穿过了浓厚的气体云。一旦进入了这团云，局域星系气体分子的个数便从盒子里原有的5万飙升到20亿。太阳风将遭遇更大的阻力，导致日球层大为缩小。它甚至可能收缩到地球的轨道之内。如果这种情况发生，那么从银河系降落到我们的地球上的粒子的数目将会急剧上升。德宏二村声称，在距海平面将近6000米的太平洋海床上，他们发现了被禁锢在沉积岩层内的这种流入粒子存在的证据。海床的位置大致在日本与加利福尼亚海岸之间的中线上。在地球大气层很高的位置上聚集的氢可能会在很多年内留在平流层内。它们在那里的作用类似于一面庞大的盾牌，会把越来越多的太阳能反射回太空中，导致地球的温度剧降。这种状况发生的背景可能就是恐龙灭绝的背景。人们心中普遍相信，一次小行星撞击是让它们消失的原因，但气候的剧烈变化可能已经让它们非常脆弱了。这种变化可能发生过不止一次。

一个由生物学家迈克尔·吉尔曼（Michael Gillman）领导的科学家团队，研究了太阳穿过银河系旋臂时对太阳系可能产生的影响。根据他们发表于2018年5月的工作报告，最后四次旋臂拦截分别发生于6000万年前［船底臂（Carina arm）］、2.4亿年前［南十字–半人马座臂（Crux Centaurus arm）］、4.8亿年前［矩尺座臂（Norma arm）］和6.6亿年前（英仙臂）。他们发现，在地球历史上最近发生的严重的16次小行星撞击地球事件中，有13次集中在最近的2次事件之前。地球上3次严重的灭绝事件的发生时间也与太阳深陷银河系的密度浓厚区的时间吻合。如果太阳与其他恒星的距离比今天的更近，那么其他距离较近的恒星的引力可以让过去处于稳定轨道的小行星离开原来的位置，让它们在太阳系内到处乱跑。一个封闭空间内有更多的恒星也意味着，如果其中一颗恒星在它生命的终点发生超新星爆炸，你处于它的火线轰击下的可能性就更大。事实上，一些研究人员已经做了论证：最近900万年间发生了2次超新星爆发，它们把局域泡沫从原来的位置上赶了出去。2017年，一项由阿德里安·梅洛特（Adrian Melott）领导的研究发现，这些超新星会让在地球表面生活的生物遭受的辐射水平增加2倍。在大气中触发的反应可能产生照耀时间长达1个月的蓝光，干扰生物的睡眠模式。闪电数量的增加也可能会导致野火数量的迅速增加。这一切全都是因为太阳进入了银河系的一个"星"烟更加稠密的区域。

这些潜在的威胁提醒我们，地球上的生命很脆弱。它们提醒我们注意，整个物种可以在何等短暂的时期内灰飞烟灭。智人这个物种仅存在了大约20万年。如果把地球的历史浓缩为1天，我们出现在最后的4秒钟。我们在8毫秒之前发明了望远镜，并在最后1毫秒之前把我们的第一颗人造卫星送上了轨道。有关太阳和它在银河系这座大"都市"中飞速前进的方式造成的后果，我们还有很多不明白的地方。这可能是将过去的"演员"赶出地球舞台的助力，也是我们来到了镁光灯下的原因。然而，我们同样也很脆弱。即使地球上的生命能够在银河系的每一次"大屠杀"之后存活，但我们这颗活着的行星仍旧会有消亡的一天。最终，日核中的氢会被消耗殆尽，核聚变反应将会停止。在那个时刻之后，我们的恒星的生命所剩无几，而地球上的生命也被下发了死亡通知。太阳将会死亡，黑暗将笼罩整个太阳系。

13

星光熄灭

我们起源于一团炽热的物质，将变成一团冰冷的物质。无情是自然界的法则，我们将迅速、不可逆转地走向末日。

——尼古拉·特斯拉（Nikola Tesla）

这是1930年7月31日，一艘轮船缓缓地开出马德拉斯港（Madras），驶向孟加拉湾（Bay of Bengal）。在船上的旅客中，有一位充满渴望的19岁的天文学家，他名叫苏布拉马尼扬·钱德拉塞卡，后来人们都叫他"钱德拉"。从孩提时代开始，他就对星星着迷，经常骑自行车出城去海滨凝视夜空。在其他时候，他会躺在沙地上，祈祷着有一天也会有一个像爱因斯坦所从事的那样的职业，带着他登上同样炫目的高点。他的内心中有着一种与年龄不符的冲动。他出身于物理学世家，这一点也帮助了他。他的叔叔是著名的印度物理学家C. V.拉曼（C. V. Raman），在这一年晚些时获得了诺贝尔物理学奖。甚至他的名字也预示着他的未来：钱德拉塞卡在梵文中的意思是"月亮"。他还有一段为期18天的航程——轮船将穿过苏伊士运河（Suez Canal），进入地中海，来到意大利的热那亚（Genoa）。他将从那里沿陆路前往久负盛名的剑桥大学，师从拉尔夫·福勒（Ralph Fowler），与20世纪初一些璀璨的天体物理学明星一起工作。旅行最初几天，海上异常地风高浪急，但最终恢复平静。平静的水域让钱德拉的思绪又一次徜徉在太空之上，特别是在一种叫作白矮星（white dwarf）的天体上。

• 热，但很昏暗

威廉·卢伊藤（Willem Luyten）是另一位因为在童年时代看到哈雷彗星而受到启发的荷兰天文学家，早在1922年便创造了"白矮星"这个术语。20世纪20年代，亚瑟·爱丁顿出版了一些非常成功的科普著作，大大推广了这个术语。远在1783年，威廉·赫歇尔便发现了第一颗白矮星，它在一个叫作波江座40（40 Eridani）的三恒星系统中围绕主星旋转。然而，直到1910年，天文学家们才验明了它的真实身份。那一年，一个包括哈佛大学的爱德华·皮克林和弗莱明在内的天文学家团队（见35页）分析了波江座40中的白矮星的谱线。它被归类为A类热星，但却比在同一范畴中的其他恒星暗淡得多。1914年，天文学家们利用加利福尼亚威尔逊山天文台上的望远镜观察到了一颗围绕着夜空中的天狼星（Sirius，全天最亮的恒星）旋转的白矮星。它也和波江座40中的白矮星一样，出人意料地暗淡。为什么一颗温度比太阳更高的恒星会在亮度上远远不及太阳呢？它们都是恒星世界中的行为怪诞者，出现在一份非常著名的图表中很不寻常的位置上。这份图表是人们在1910年前后绘制的，即赫罗图（Hertzsprung–Russell diagram），是以丹麦天文学家埃纳尔·赫茨普龙（Ejnar Hertzsprung）与美国天体物理学家亨利·诺里斯·罗素（Henry Norris Russell）的名字共同命名的。

这份图表非常重要，因为天文学家们用它描绘像太阳这样的恒星的生命周期。图中纵坐标表示恒星的亮度，横坐标表示恒星的颜色。这完美地说明了安妮·江普·坎农的断言：恒星可以按照从最亮的蓝色恒星到最清冷的红色恒星的次序排列。这份图表的主干叫作主序（main sequence），沿着它分布的恒星处于各自生命的中间阶段。然而，白矮星与这条主干相比明显差一大截——它们比颜色相同的恒星暗得多。这是因为，白矮星的大小是太阳的 $1×10^{-6}$，或者说它和地球差不多大小。它们具有很小的表面积，它们很难将自己的热量散发出去，所以看上去比较暗淡。尽管体态微小，但一颗白矮星的质量仍然大约是太阳质量的一半。在一个棱长为1米的立方体盒子里放满白矮星的物质，它将重达100万吨，大概相当于3000架满载旅客和货物的大型喷气式飞机的重量。

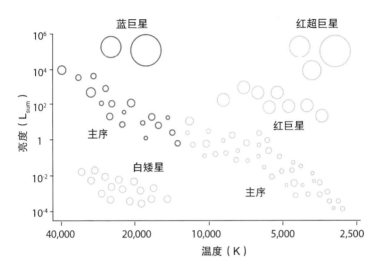

上图为赫罗图。恒星在其生命的大部分时间都处于主序，然后，在垂死的时候演变离开这一序列。

这些数字在20世纪初便已经很清楚了，但天文学家们开始时对它们很不理解。爱丁顿于1927年出版了《恒星与原子》（*Stars and Atoms*）一书，书中记录了他最初对这一计算的反应："住嘴，不要胡说八道。"在同一本书中，爱丁顿描述了一个有关白矮星的未解之谜：究竟是什么支持了这颗密度超大的天体，让它没有出现引力坍缩呢？

• 一个重要的见解

在远渡重洋前往欧洲的旅途中,钱德拉思索的正是这个谜团。他的随身物品中有爱丁顿的书,其中一本是他著名的叔叔给他的礼物;还有一篇即将成为他的导师的拉尔夫·福勒在新兴的量子物理学领域发表的很有影响力的论文。福勒的文章探讨的是一种人们叫作泡利不相容原理(Pauli's exclusion principle)的量子效应,它是由物理学家沃尔夫冈·泡利(Wolfgang Pauli,生于奥地利,后入瑞士籍)于 1925 年提出的。如同太阳一样,白矮星是由等离子体以带电粒子的形式构成的,这些粒子包括质子和电子。泡利不相容原理认为:不可能强迫两个电子占据同一个位置,并具有完全相同的性质。钱德拉的天才之处在于:他意识到,这种对于被挤压得太近的抗拒可能足够让一个白矮星抵抗引力而不至于坍缩。物理学家们称这种抗拒力为简并压力(degeneracy pressure)。钱德拉利用他在海上旅行的日子思考自己的这一杰出的见解。只计算了 10 分钟,他就得出了一个具有里程碑意义的结论:白矮星的大小有一个极限。人们今天将其称为钱德拉塞卡极限(Chandrasekhar limit),而这个极限就是太阳质量的 1.44 倍。超过这一阈值,一个白矮星将会坍缩,形成包括黑洞在内的几种古怪天体中的一种。

• 起来对抗权威

到了剑桥大学之后,钱德拉却很难找到认真对待他的这个想法的人。1933年,亨利·诺里斯·罗素来英格兰参加爱丁顿举办的一次露天招待会,他是少数鼓励了钱德拉的科学家之一。1935年1月,钱德拉在伦敦的英国皇家天文学会组织的一次会议上满怀信心地公布了自己的理论后,却被泼了一头冷水,受到了公然的羞辱。开始时似乎一切发展顺利,但在钱德拉的发言刚结束,爱丁顿立马起身发言。这位偶像级的天文学家公开奚落钱德拉的发现,让整个房间里的每个人都相信:他的这些说法是胡说八道。"一颗恒星怎么可能坍缩为虚无呢?"会议主席拒绝了钱德拉提出的答辩要求并径直离场。爱丁顿以后还继续坚持己见,将钱德拉提出的想法嘲笑为"恒星滑稽剧"。偶像对自己的否定深深地伤害了钱德拉的感情。爱丁顿过去的成功——证明爱因斯坦是正确的及预言太阳核聚变,让他具有极大的影响力,人们把他的话奉为金科玉律,而钱德拉的工作却没有得到人们应有的重视。

后来,钱德拉热情地支持那些他认为没有得到公正对待的想法,这一点很容易理解。例如,他于1958年决定发表尤金·帕克的有关太阳风的具有里程碑意义的文章,尽管有许多人对此有不同意见。到了那时,钱德拉已经在美国生活了20年。他在芝加哥大学工作,那里的人们对他的想法远没有像在英国那样冷淡。钱德拉的想法终于得到了人们的承认,即在爱丁顿于1944年去世之后。正是在这一年,钱德拉被选为皇家天文学会会员,这可能并非巧合。他直到1983年才获得诺贝尔物理学奖,这主要归功于他19岁时在茫茫大洋中的船上花10分钟计算得出的结果。他对这次获奖也并没有特别兴奋。总是低调与谦虚的他说:"从许多方面来说,我真的情愿没有获得这次褒奖。我们需要牢记这一点——一般来说,后人的评判与当代人的评判并非总是一致的。"

• 地球上的生命的毁灭

尽管钱德拉的关于黑洞存在的观点是正确的,但我们的太阳不够大,无法成为黑洞。与银河系中97%的恒星一样,成为一颗白矮星是它最终的命运。我们的恒星将走过一条漫长曲折的道路才能到达这一终点,但它终将死亡的种子早已播下。每天,太阳都会通过核聚变将越来越多的氢变成氦。氦的增加让日核缩小、温度提高,从而增加了太阳燃烧尚存的氢的速率。这一效应叫作主序星增亮(main sequence brightening),意味着太阳的亮度将在今后10亿年中增加10%。这是对地球上的生命敲响的丧钟。一个温度更高的太阳将使地球的温度急剧上升,然后更多的水将蒸发到大气中,会加强那里的温室效应,从而吸收更多的热量,蒸发更多的水。这是一个恶性循环。太阳能量的增加将帮助切断著名的H_2O结构中两个氢原子和一个氧原子之间的化学键。许多这样的原子将得到足够的能量,完全摆脱地球的引力羁绊,永远在太空中流失。更潮湿的气候意味着季风将以人们从未见过的姿态出现。更多的雨水将大大加速表面岩石的风化,把二氧化碳冲刷进大洋,它将在那里受到禁锢。在缺少二氧化碳的情况下,植物的光合作用将很难进行。此举减少了空气中氧气的含量,让这颗行星上每一条食物链都不复存在。形势只会一步步恶化。每过10亿年,太阳的亮度会增加10%。最终,地球的温度将攀升到100摄氏度以上,即水的沸点以上,而我们曾经生存过的蓝色的星球将被烘烤成一个焦黑荒凉的地狱。

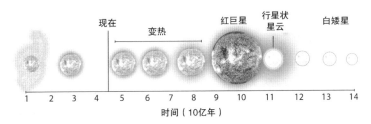

太阳的生命周期:出生,经过红巨星阶段,最后变成白矮星。

• 离开主序

从现在起大约40亿到50亿年后,日核中将不再有足够的氢，核聚变将停止。没有任何东西支撑日核来对抗引力了，这时它会开始坍缩，温度也会急剧飙升。氢的核聚变将在日核周围的壳上被重新点燃，这一核反应产生的氦将沉入已经富含氦的日核。这标志着太阳漫长生命中的一个新的阶段，在此阶段可以见证它离开赫罗图主序的过程。来自重新燃起的核聚变的能量现在胜过了向内的引力，于是太阳的外层开始膨胀。我们的恒星将成为一个人称红巨星（red giant）的庞然大物。红，是因为庞大的太阳现在正在通过一个比原来大得多的表面喷射热能，所以我们的恒星上的每一个小块看上去都像是变冷了。太阳的表面温度将下降到 3000 到 4000 摄氏度，但它新近表面积的增长将让它的亮度是现在的 3000 倍。现在，红巨星的大小和它的核之间的不协调是无法想象的，前者的大小是后者的 1×10^{12} 倍。颜色和亮度的变化意味着它将走向主序的右上方，加入其他红巨星的行列。随着光球从日核向外大大扩张，拉扯它的外层的太阳引力变小，太阳物质更容易流失到太空中。最终，太阳将以这一方式丢失超过 40% 的物质。这将让它的引力下降，让它的行星飘向更遥远的轨道。地球轨道很可能最后在是现在日地距离的 1.5 倍的地方，也就是现在火星所在的位置。一个继续膨胀的太阳将吞噬水星和金星。它也有不小的机会吞掉我们的地球，尽管后者那时候躲得更远了些。

• 碳核

又过了大约10亿年,红巨星核的温度将达到1亿摄氏度,足够引发一种以氦为主要原料的崭新的核聚变反应了。这种反应叫作三重 α 过程(triple alpha process)。两个氦核(也叫 α 粒子)聚合在一起,形成铍–8。接着,铍–8可以继续与第三个 α 粒子聚合形成碳–12。一个碳–12粒子偶尔能够遇到另一个 α 粒子,形成氧–16。所有这些都以难以想象的速度发生。三重 α 过程对于温度的变化极为敏感,温度增加1倍将让聚变反应的速率增加$1×10^{12}$倍。第一个核聚变产生的能量将提高日核的温度,进而增加核聚变的反应速率。更多的核聚变将带来更高的温度,随之而来的是更迅速的核聚变。不到1分钟,太阳聚变产生的氦的质量将等于它的8颗行星加在一起的质量。几分钟后,日核将产生相当于太阳在2亿年主序星生涯中喷射的全部能量。天文学家们称这个迅速重振军威的阶段为氦闪(helium flash)。在其巅峰时刻,日核的亮度将在短时期内与银河系2000亿颗恒星的总亮度相媲美。这种情况只能发生在星核质量低于钱德拉塞卡极限的恒星身上。随着氦的储备被耗光,日核将缩小成一团地球大小的碳和氧:一颗白矮星。我们的恒星的存留部分处于主序的对面,与波江座40和天狼星系统中的那些垂垂老矣的白矮星一起混迹于主序以下。

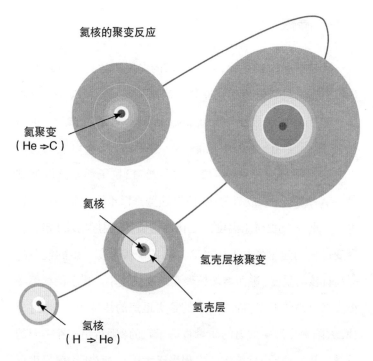

氦核的聚变反应

氦聚变
（He ⇒ C）

氦核

氢壳层核聚变

氢壳层

氢核
（H ⇒ He）

在太阳垂死挣扎时，核聚变将多次停止并重新开始，最终导致氦聚变而不是氢聚变。

• 宇宙的墓碑

　　垂死的太阳仍然会苟延残喘，一起一伏地发出凛冽的太阳风，这个过程最终会摧毁太阳。它们的强度可能会是正常太阳风的 100 万倍。太阳的外层脱落，进入太空，在空间中延伸，一直延伸至和它毗邻的一颗恒星之间距离的1/4处,且每秒钟扩大30千米。天文学家们称这种美丽的装饰性云朵为行星状星云(planetary nebula)。这种命名对我们实在毫无帮助,因为它与行星毫无关系。但早期天文学家们认为它们看上去有点像行星,所以这个名字一直没有退出历史舞台。真正发生的事情是:刚刚丢弃了外层的白矮星发出的紫外线正在让它周围的等离子体发出明亮的光。有些行星状星云如此炫目,以至于我们在几百万光年以外都能看到它们;但当它们的光走完这段距离进入我们眼帘的时刻,光源已经熄灭,无法被看到了。

天文学家们开始试图认识这些神秘缥缈的天体。早在19世纪末,他们第一次分析了行星状星云的光谱,发现了一条意想不到的新谱线。他们对此采取了与对氦和冕同样的做法——把它与一个人们尚未发现的元素联系在一起,这次将其命名为氰(nebulium)。但亨利·诺里斯·罗素于20世纪20年代提出,它可能实际上是一个处于极端条件下的已知元素。钱德拉塞卡也在20世纪30年代探讨过这个问题。我们现在知道,这条谱线来自已经失去了两个电子的氧原子,是其中的电子向较低能级跃迁时造成的。人们开始认为这种特定情况不可能发生,因为气体中的原子会在出现这种情况之前相互碰撞而脱离这种状态。但它确实在行星状星云中发生了,因为那里的气体极为稀薄,原子之间的碰撞极为罕见。弄清楚了这一点后,罗素做出了评论:"星云素(氰)消失在稀薄的气体之中。"现代光谱分析揭示:行星状星云通常由三个主层构成,即分别由氢、氧和氮组成的三个物质壳层。事实上,行星状星云是宇宙中大多数氮和相当一部分氧的来源。人们正在呼吸的空气的主要成分来自太阳这类恒星在到达生命终点时形成的行星状星云,而后它们让这些成分再次进入宇宙。

长期以来,天文学家们一直认为太阳不够大,当它的核成为白矮星时无法维持行星状星云。大部分人认为,只有质量为太阳的2~8倍的恒星才能产生足够的紫外线。但天体物理学家克日什托夫·盖西奇(Krzysztof Gesicki)及其同事们于2018年5月发表了一份报告,提出了相反的见解。根据他们的新模型,在太阳生命的最后阶段,太阳加热的速率将是过去模型预估的3倍。这意味着较小的恒星也能够提供令其喷发这种闪光物质(尽管相对昏暗)所需要的能量。根据他们的计算,太阳是能够形成行星状星云的最小的恒星,即使是只比它小百分之几的恒星也无法做到。太阳形成的行星状星云将闪耀大约1万年,相当于太阳的一次极为漫长的"心跳"。尽管如此,让我们感到宽慰的是,知道会有某种形式的宇宙墓碑告诉人们当年太阳曾经在宇宙中的哪个地点。但它看上去到底是什么样子呢?

行星状星云有一系列不同的形状。它们经常经过拉长后出现,有时伴随着来自白矮星中心的双子喷射流。确切地说,为什么这仍然是一个活跃的研究领域，可能与恒星临死前磁场的纠缠和扭曲有关。臭蛋星云（Rotten Egg Nebula）因为其中含有大量硫元素而得名。2017年，一个由布鲁斯·巴利克（Bruce Balick）领导的团队利用三维计算机模型尝试重建了这个星云的构型。他们发现，星云喷射出的物质中镶嵌着结和暗条，它们看上去和摇晃后开盖往外狂喷的香槟酒类似，其中的结起到了软木塞的作用。

· 扩大研究白矮星的范围

盖亚空间望远镜让我们对白矮星最终命运的理解发生了革命性的变化。在皮克林与弗莱明分析了波江座40中的白矮星光谱之后，天文学家们在此后50年间只确认了另外100颗白矮星。在盖亚空间望远镜于2013年发射之前，这一数字增加到了3万颗左右；在2018年，盖亚空间望远镜公布的第二波数据中包含了25万多颗白矮星。有史以来第一次，天文学家们手上有了一套可以对银河系广大白矮星进行全面调查的数据。人们花费了如此长的时间，其部分原因是，白矮星往往非常昏暗。什么是它们的最终命运呢？

大约半个世纪之前，天文学家休·范霍恩（Hugh van Horn）提出了一种叫作白矮星结晶（white dwarf crystallization）的效应。当白矮星从1亿摄氏度冷却为大约1000万摄氏度时，它开始从等离子体变为固体。在地球上，碳以某种方式受压结晶后形成了金刚石。这种稀有物质是钻石的组成部分。然而，一颗结晶的白矮星的碳密度，是珍贵的金刚石的碳密度的100万倍。利用盖亚空间望远镜的数据，天文学家们估计，当太阳变成了白矮星之后，还需要50亿年才能完全结晶。这要比以前预测的多了10亿到20亿年。当白矮星在冷却与结晶的时候，它的颜色缓慢地从蓝色变为红色。最后，它将在自己永远从人们的视线中消失之前变为黑色。白矮星冷却需要的时间太长了，所以任何人都没有见到过一颗黑矮星（black dwarf）——宇宙的年龄还不够老。形成黑矮星可能需要1×10^{15}年，是当前宇宙年龄的100万倍。

太阳的其他行星会怎么样呢？我们现在还不清楚火星在太阳经历大灾变最后时期时的命运。最近的一项发现显示，至少有某些石质行星能够逃过这一劫数。2019年4月，天文学家们宣布，他们发现了一颗仍然围绕着一颗400光年外的白矮星旋转的天体。它似乎是曾经围绕着这颗恒星旋转的石质行星的残骸。现在它的直径只有几百千米，只需2天就可以围绕着这颗白矮星公转1周。尽管它只有一颗小行星那么大，但死去的恒星的强大引力能够把任何小行星撕碎。因此，天文学家们相信，它是一颗像地球大小的行星的核的一部分，但它的外层在恒星死亡的时候被炸飞了。这只是有史以来我们第二次在大灾难之后发现部分幸免的行星的碎片。第一次是在2015年,当时天文学家们发现,一颗围绕着570光年之外的白矮星WD1145 + 017旋转的石质天体正在瓦解。看起来,有些行星比其他的行星容易存活。2019年5月,一个来自华威大学(University of Warwick)的天体物理学家团队建立了一个模型,研究围绕白矮星旋转的各种不同的天体受到引力作用的情况。他们发现,庞大的行星可能更容易遭到摧毁,小一些的行星似乎更有韧性。

• 宇宙碰撞

这就是说,太阳将会变成一颗白矮星,而且最终会渐渐成为一颗黑矮星,但还随身拖着一部分已经分崩离析的太阳系。然而,有一个常被我们忽略的事情:按照预言,我们的邻居——仙女座星系会与我们的星系碰撞。它与我们的银河系类似,也是一个庞大的螺旋星系,但其中包含的恒星的数量是银河系恒星的2倍。仙女座位于不可思议的250万光年之外,这意味着,今天我们看到的从仙女座来到地球的光,是在石器时期的黎明时分离开的,当时我们的原始祖先南方古猿正开始把石头制作成工具。人类的全部历史,都是在光从宇宙中距离我们最近的星系向地球传播期间展开的。

人们早就知道，银河系与仙女座星系之间的距离正在缩小，但测量它们的准确速度和方向一直极富挑战性。过去的模型表明，它们将在39亿年后发生正面碰撞，太阳在随之形成的大旋涡中被完全抛射出去的可能性是12%。现在，随着有革命意义的盖亚空间望远镜的出现，新的测量数据勾画了一幅颇为不同的画面。发表于2019年2月的结果指出，大约在45亿年之后，也就是在太阳将要离开主序的时间点上，这两个星系将从侧翼互相扫过。天文学家们还需要确定这一新形势对于太阳的影响，但我们的太阳如同孤儿一样在星系空间中流浪的可能性仍然存在，而这也是它进入临终挣扎的第一阶段。或者，太阳也有可能被位于星系中心的黑洞之一吞噬；还有可能面临一种阻止它变成黑矮星的生存威胁。我们有关宇宙前途的最佳理论预言，有一天会发生宇宙撕裂自己和其中一切的终极灾难。这一结论的主要依据是对白矮星的研究和苏布拉马尼扬·钱德拉塞卡在大洋轮船上的工作。

太阳的不寻常之处就在于，它是一颗孤零零地在银河系中飘荡的恒星。大部分恒星都是成对行动的，天文学家将其称为双星系统（binary star system）。让我们想象：双星中的一颗死了，变成了白矮星，白矮星在庞大的引力作用下将开始盗取它的伴星外层的物质。随着这种吞噬活动的进行，这颗白矮星会变重。但钱德拉塞卡证明,这一盛宴无法无止境地持续。任何白矮星的质量都不能超过钱德拉塞卡极限,即太阳质量的1.44倍。死去的恒星吃得越多,温度就会变得越高,因为增加的质量会将星核压碎。最终,温度升到足够高的时候,就会引发碳聚变的狂潮。这一狂潮将撕裂白矮星,让它四分五裂。一部分能量将在几秒钟之内被释放,释放的量相当于太阳在整个主序期间放出的能量的总和。这就会在这颗白矮星身上引爆一次超新星爆发。天文学家们将其称为Ia型超新星(Type Ia supernova),它们是测量宇宙距离的理想尺子。每颗白矮星都是以差不多数量的燃料爆炸的,刚好比钱德拉塞卡极限少一点。所以,这样形式的超新星的亮度应该全都一样。如果我们想知道与这颗爆炸的恒星的距离,只要将它在天空中的亮度与离我们某个距离上应该有的亮度加以比较即可。超新星的亮度越低,说明光线在前往地球的路上消耗得越多。

• 摧毁一切的暗能量

1998年,通过白矮星的爆炸,两个天文学家团队得到了一个让人震惊的结论:宇宙正在加速膨胀。当遥望宇宙时,我们观察的是过去的情况。正如仙女座的情况一样,光需要时间才能来到我们这里。如果生活在仙女座的外星人拥有能够看到地球的望远镜，那么他们看到的不是我们，而是正在用石头打造工具的南方古猿。南方古猿的后代已经进入了太空时代，但携带着这些信息的光还在前往仙女座的路上。一个星系的距离越遥远，我们窥视到的历史就越古老。Ia型超新星非常明亮，跨过半个宇宙都能看得到它们，它们爆炸的时刻与宇宙大爆炸的时刻（距今138亿年）要接近得多。在爆炸中诞生的宇宙让自己包含的物质向四面八方飞去。人人都预计这种膨胀会随着时间放慢，因为大爆炸产生的推力会逐渐减弱。但是，天文学家们的发现与此全然相反。与距离我们较近的星系相比，我们看到的更早的星系，也就是比Ia型超新星更加暗淡的星系离我们而去的速度比较慢。也就是说，在过去几十亿年间，宇宙膨胀的速度在加快。天文学家们不知道应该如何解释其中的原因，但认为有一种叫作"暗能量"的看不到的力加速了该膨胀的进程。要能以这种方式加速膨胀，它必须占宇宙总成分的68%左右。

　　暗能量非常神秘，人们多年来都在用一种专门的太空感应器搜寻这种能量。暗能量调查（Dark Energy Survey, DES）项目于2013年开始进行，使用的是位于智利安第斯山（Chilean Andes）丛山峻岭中的托洛洛山美洲际天文台（Cerro Tololo Inter-American Observatory）的直径4米的望远镜。在6年的工作时间里，它总共在758个夜晚观测天空，研究了几十亿光年范围内的 3 亿个星系。其研究结果于 2019 年 5 月发表，证实了 1998 年的初始结论，即宇宙正在加速膨胀。更多的答案即将揭晓。从 DES 项目的所在地出发，驱车半个小时就可以到达大口径全天巡视望远镜（Large Synoptic Survey Telescope, LSST）紧张的施工现场。2019 年 5 月 11 日，经过 25 个星期的海路行程，这台望远镜的主镜已经从得克萨斯州的休斯敦（Houston, Texas）运抵智利。一俟望远镜于 2022 年开始观察天空，就将使用一人高的具有 3200 百万像素的照相机，为我们带来宇宙深刻而广阔的画面。通过对星系和在这些星系中爆发的超新星进行的前所未有的观察，天文学家们希望能够更好地理解暗能量的本质和影响。

目前，延缓这一神秘实体作用的唯一自然因素似乎就是引力。问题是，暗能量把星系之间的距离推得越远，总引力的数值就会越低。暗能量的强度在不可逆转地增加。当前，只有在眺望以天文距离计算的极远处时，我们才会注意到它的影响。但暗能量变得越强，对较小结构的影响就越大。最终，恒星之间的距离将变得如此遥远，以至于星系将不复存在。接着，恒星和行星之间的距离将增加，以至恒星系变成了远古时代的传说。最终将会有这样一个时刻来临：那时，就连原子之间的化合键都会在拉力作用下坍缩。冷冰冰的太阳遗迹将被撕碎，在宇宙中四散抛落。天文学家称这样一个狂暴的末日为大撕裂

（Big Rip），它可能在220亿年后发生，远远早于太阳变成白矮星然后完全转变为黑矮星的年代。

这似乎是一个合适的结局，毕竟，那些原子都不是太阳能够保留的物质。我们的恒星是用从宇宙中借来的物质打造的，一旦太阳作为物质监护者的角色结束，归还它们便是唯一正确的方式。任何东西都不会永存，任何东西都有谢幕的一天。这颗恒星曾在成千上万年间让我们神往与陶醉，但它也会有耗尽自己生命的一天。这让我们更有理由在有机会的时候加紧认识太阳。

结 论

未来

> 大多数人知道但并没有意识到自己知道的一件事是:这个世界的能量几乎完全是由太阳供给的。
>
> ——埃隆·马斯克(Elon Musk)

最近几百年来,我们一直在努力了解太阳的工作原理。今后几百年间,我们的努力将更多地放在从它那里获得更多的能源上面。我们痴迷于使用化石燃料,但这一点严重扼制了我们这个气温日益上升的星球的发展。当地球的冰盖融化的时候,它调节自己的温度的上佳手段之一也被剥夺了。其手段即反射来自太阳的能量,令其重返空间。2018年,地球大洋的温度创造了最高纪录;格陵兰冰川融化的速度正不可逆转地接近阈值。为了避免灾难,我们需要更加有效地利用太阳。更重要的是,这个星球的人口即将在21世纪50年代中期突破100亿大关。与此相比,在望远镜刚刚发明的那年,这个数字只有5.79亿,而当约瑟夫·冯·夫琅禾费发现了以他的名字命名的谱线时只有10

亿。从许多方面来说,在科学上取得的成功却迫使我们成为受害人。

　　一个小时之内,落在地球上的阳光便可以满足我们全年的能源需要。一个边长100英里的正方形太阳能电池板可以为整个美国提供能源。用来储存太阳能的蓄电池的边长是1英里,如果将5%以下的国土面积用于太阳能发电,87%的国家可以自给自足。那些有幸拥有更多领土的国家可以出卖多余的电力,像当前拥有庞大石油储藏的国家那样增加它们的银行存款。如果能够在撒哈拉沙漠1%的面积上覆盖太阳能电池板,我们就能有足够的能源供给全世界。同样,可以通过太阳能电力将水分解为氢气和氧气,并利用前者作为液体能源。这种转变已经开始了。根据国际能源机构(International Energy Agency)2017年4月的报告,太阳能是世界上增长最快的新能源。2019年4月,美国的可再生能源发电量首次超过了化石能源发电量。加利福尼亚州是我们在前面的章节中提到的这么多台太阳望远镜的所在地,这个州的目标是:到2030年,用太阳能供给一半的能源。2019年5月,有消息称,作为"世界上最大的民主国家",印度现在对太阳能的投资超过了对煤的投资。

　　另一种获得干净的绿色能源的方法是,复制太阳制造能源的方式:聚变。尽管在科学家中盛传着一个笑话——用核聚变获取商业化能源还需要50年,而且永远需要50年;但核聚变已经在地球上实现了。1977年，位于牛津郡的卡勒姆核聚变能源中心（Culham Centre for Fusion Energy in Oxfordshire）的欧洲联合环（Joint European Torus, JET）成功地用聚变能生产了$1.6×10^7$瓦的电力。这对于满足需要当然只是九牛一毛，但却说明，模仿太阳制造能源的方式在原则上是可行的。一个叫作托卡马克（tokamak）的炸面圈形状的受控核聚变反应装置可以用磁场困住等离子体，以便人们加热装置内的等离子体。在JET中取得的温度的最高纪录是3亿摄氏度，是日核温度的20倍。其中的等离子体是由氢的两种不常见的同位素氘和氚的原子核组成的，它们可以从海水和地壳中提取。将它们聚合在一起，就可以获得氦核、能量和一个中子。商用发电厂可以让这些中子的速度放慢，把它们的动能转化为热能来驱动涡轮机。35个国家现在正在世界上最大的核聚变实验项目上合作，这个项目的名字是国际热核聚变实验反应堆（International Thermonuclear Experimental Reactor, ITER）。实验装置当前正在法国投入生产，预计2025年完成，同年进行第一次等离子体实验。这一项目计划于2035年进入大规模氘-氚反应阶段。ITER的核心是一个重达2.3万吨的托卡马克装置，其体积是JET的托卡马克装置的10倍。如果这样的实验能够成功，我们就可以在21世纪末试制可以商业化的核聚变反应堆。到了2100年，世界上20%的电力可以通过核聚变生产。

除非我们可以保护自己免遭极端的太空气候事件的伤害，

否则，所有这些努力都将徒劳无功。下一次大型太阳风暴的发生是必然的，需要考虑的只是时间问题。我们从未正面应对过太阳磁场剧烈波动的事件，因为最近一次强大风暴发生于1859年，现代电子时代尚未开启。尽管人们正在世界范围内加强戒备，但还需要投入更多的努力，才能保证有应对这种非常现实的威胁的能力。我们需要在太阳周围设置大批人造卫星，并利用最新式的超级计算机技术，以此才能让我们的空间天气预报跨入无愧于21世纪的先进水平。只有在那个时候，我们才能保证我们的光不会熄灭。

有时候，这些话——我们在几十年后才会面对的生存威胁，听起来似乎是一种不和谐的噪声。但是，对于人类的未来，我们很难不感到巨大的恐惧与担心。如果我们的子孙后代还将幸存，那么他们肯定会回顾21世纪，将之视为一个转折点。然而，如果说10多年来有关科学题材的写作与演讲让我学会了什么东西的话，那就是：人类是聪明的、有创造性的，能够战胜最大的挑战。科学家们尽管有弱点与缺点，但过去曾经改变过世界。而且一旦有了合适的资源，我们就肯定可以科学地运用它，从我们当前的困境中杀出一条血路。万里长征终须踏下第一步，而我们的第一步则是：在更好地认识距离我们最近的恒星方面做出更多的投资。这个天体曾在成千上万年间让我们着迷，而我们也希望它能继续为我们的子孙后代造福。

致　谢

　　感谢你加入我的旅程，希望你在阅读它时会像我写作它时一样享受。把有关太阳的知识放到一起写成一本书，这是一次有趣的尝试。它是天空中最亮的天体，是在几十万亿千米范围内最大的事物。然而，它也同时几乎完全是受我们看不到的力与粒子支配的。描述太阳内部事物的过程是一次真正的挑战，是让我全力以赴的挑战。我希望，从此之后，你永远不会再以以前的目光观察这颗橘黄色的天体。

　　写这样一本篇幅较大的书，没有广泛的支持是不可能的。在这个项目进行的过程中，我第一次成为父亲。因此，在最近的一年中，与中微子和核聚变交织在一起的是尿不湿和配方奶粉。谢谢你，我的妻子鲁思（Ruth），谢谢你永不动摇的爱和支持；谢谢你，我刚出生的女儿伊索贝尔（Isobel），谢谢你给我的微笑，它们让我在科学论文的压力下得到了纾解。宇宙是一个令人惊讶的地方，我迫不及待地想要与你一起分享它的神奇之处。如果没有经纪人和编辑，作者们写作时如同在荆棘丛中爬行。因此，我要对我的经纪人詹姆斯·威尔斯（James Wills）和编辑乔·斯坦索尔（Jo Stansall）深表谢忱，感谢他们为让这本书进入你们的手中所做的辛勤努力。

正如我希望在书中传递的那样，如果没有孜孜不倦地艰辛探索太阳最深刻的奥秘的人们，那么太阳物理学将不会存在。我要对物理学者关于太阳的深刻认识，以及他们对于我讲述这个故事的帮助与指导表示最深切的谢意。下列科学家的贡献值得我特别指出，因为他们仔细地核查了每一章，并友好地推动它们朝正确的方向发展。按照姓氏字母排列，他们是：克里斯·阿里居（Chris Arridge）博士、保罗·沙博诺（Paul Charbonneau）教授、克莱尔·戴维斯（Claire Davies）博士、克雷格·德福雷斯特博士、伯恩哈德·弗莱克博士、科林·福赛思（Colin Forsyth）博士、戴尔·加里（Dale Gary）教授、丹·奥佩尔（Dan Hooper）博士、亚历山大·詹姆斯（Alexander James）、瑞安·米利根（Ryan Milligan）博士、丹尼尔·米勒（Daniel Mueller）博士、梅拉夫·厄斐尔博士、理查德·帕克（Richard Parker）博士、纪尧姆·普罗诺斯特（Guillaume Pronost）博士、亚当·绍博（Adam Szabo）博士、李·汤姆孙（Lee Thomson）教授、阿尔贝特·泽尔斯特拉（Albert Zijlstra）教授和埃里克·泽恩斯坦（Eric Zirnstein）博士。

我急不可耐地等待着，希望知道最近发射，以及正在建造中的航天器与望远镜大军将会揭示太阳的哪些新秘密。

专业术语[1]

1. absorption spectrum吸收（光）谱

物质吸收光子从低能级跃迁到高能级时而产生的光谱。

2. active region活动区

太阳大气中磁场活动剧烈的一个区域，经常以太阳黑子的存在为标志。

3. Alfvén wave阿尔文波

阿尔文于1942年首先预言的一种磁流波，它是一种沿磁力线传播的横向波动。

4. Alfvén surface阿尔文表面

向外的太阳风的速度超过逆向传播的阿尔文波的速度的地方。

5. angular momentum 角动量

在物理学中是与物体到原点的位移和动量相关的物理量。

6. annihilation湮没

两个粒子相遇时造成的破坏性事件。

7. magnetic arcade磁拱

一条冕环线。

---

1 参考、引用《天文学名词》（1998）等专业著作。

8. axion轴子

一种假想的亚原子粒子,科学家在1970年代为了解决CP守恒问题所提出的一个假想粒子。

9. Babcock-Leighton model巴布科克–莱顿模型

以物质在太阳内部的流动为基础解释太阳黑子数目周期性的设想。

10. bipolar magnetic region（BMR）双极磁区

当通量绳穿过光球时产生的区域,会出现一个正极性区域紧靠另一个负极性区域的情况。

11. black dwarf黑矮星

处在白矮星或棕矮星长期演化的最后期。

12. black hole黑洞

由一个只允许外部物质和辐射进入而不允许内部物质和辐射从中逃离的边界,即视界（horizon）所规定的时空区域。

13. bow shock弓形激波

太阳风与行星的磁层顶相遇时形成的激波。

14. bremsstrahlung轫致辐射

电子与离子或原子近距离碰撞时,库仑力作用使电子减速而产生的辐射。

15. butterfly diagram蝴蝶图

以时间为横坐标,日面纬度为纵坐标而绘出的形如蝴蝶的太阳黑子群分布图。

16. Chandrasekhar limit 钱德拉塞卡极限

白矮星的一种极限质量，大约是太阳质量的1.44倍。

17. chromosphere 色球

位于光球和日冕之间的太阳大气层，温度由内向外升高。

18. co-rotating interaction regions（CIRs）共转交互作用区

当慢速太阳风和高速太阳风相遇时形成的一个区域。

19. comet 彗星

俗称"扫帚星"。当靠近太阳时能够较长时间大量挥发气体和尘埃的一种小天体。

20. convection zone 对流层

恒星内部冷热气体不断升降对流的区域。

21. corona 日冕

太阳大气的最外层，可延伸到几个太阳半径长的地方甚至更远处。温度达百万摄氏度。

22. coronagraph 日冕仪

能在没有日食时用来研究太阳日冕和日珥的形态和光谱的仪器。

23. coronal heating problem 日冕加热问题

一个至今尚待解决的问题，即为什么日冕的温度明显高于光球的。

24. coronal hole 冕洞

用X射线观测到的日冕中的大片暗区域。

25. coronal loop 冕环

日冕中环形的明亮结构。

26. coronal mass ejection（CME）日冕物质抛射

曾称"日冕瞬变"（coronal transient）。日冕局部区域内的物质大规模快速抛射的现象。

27. coronal rain 冕雨

日冕中一些较冷的物质流，以自由落体的速度沿弯曲轨道下落的现象。

28. coronium 磠

用以解释在日食期间观察到的一条神秘的日冕谱线而提出的假设元素。

29. cosmic ray 宇宙（射）线

来自宇宙中的一种具有相当大能量的带电粒子流。

30. crystallization 结晶

在化学领域，热的饱和溶液冷却后，溶质以晶体的形式析出，这一过程叫结晶。在本书中，结晶指白矮星的等离子体冷却与固化时出现在白矮星内部的过程。

31. dark energy 暗能量

驱动宇宙运动的一种能量。它和暗物质都不会吸收、反射或辐射光,所以人类无法直接使用现有的技术对其进行观测。

32. dark matter 暗物质

由天文台的观测数据推断存在于宇宙中的不发光物质。

33. deuteron 氘核

氢的一种同位素原子核,由一个质子和一个中子组成。

34. differential rotation 较差自转

天体或天体系统的各部分有不同自转速率的现象。

35. dynamo 发电机

将其他形式的能源转换成电能的机械设备。本书中指的是恒星或行星的磁场发源地。

36. eddy 涡旋

经常与河水或太阳风的流动方向不同的小旋涡。

37. electron 电子

围绕原子核旋转的带负电荷的粒子,通常标记为 e^-。

38. emission spectrum 发射光谱

处于高能级的原子或分子在向较低能级跃迁时产生辐射,将多余的能量发射出去形成的光谱。

39. energetic neutral atom(ENA)高能中性原子

一种质子捕获电子使自己处于电中性的原子,能够通过磁场。

40. energy level 能级

由玻尔的理论发展而来。现代量子物理学认为原子核外电子处于的状态是不连续的,因此各状态对应能量也是不连续的。这些能量值就是能级。

41. filament 暗条

太阳色球单色像上的细长形暗条纹,是日珥在日面上的投影。

42. flare 耀斑

太阳大气局部区域突然变亮的活动现象,常伴随有增强的电磁辐射和粒子发射。

43. flare ribbon 耀斑带

拉长的结构,由沿一个冕环磁拱的多个立足点构成。

44. flux rope/tube 通量绳/通量管

脱离太阳并与地球磁层相互作用的细磁场束。

45. footpoint 立足点

冕环的固定点。

46. Fraunhofer lines 夫琅禾费谱线

以德国物理学家约瑟夫·夫琅禾费的名字命名的一系列光谱线,这些是最初被当成太阳光谱中的暗特征谱线。

47. fusion 聚变

此处应该为核聚变,即轻原子核(如氕和氘)结合成较重原子核(如氦)时放出巨大能量的反应。本书中提及的聚变是恒星通过让较轻的元素聚合生成较重的元素产生能量的过程。

48. galaxy 星系

通常由几亿至上万亿颗恒星，以及星际物质构成的空间尺寸为几千到几十万光年的天体系统。

49. Gamma-ray γ射线

光的最高能量形式，是原子核能级跃迁蜕变时释放出的射线。

50. geomagnetic storm 地磁暴

地球磁场全球性的剧烈扰动现象。地磁暴的强度可以表征太阳风暴中高速等离子体云的影响大小。

51. globular cluster 球状星团

结构致密、中心集聚很高、外形呈圆形或椭圆形的星团。

52. grand maxima 大型极大期

太阳活动特别剧烈的时期。

53. grand minima 大型极小期

太阳活动特别弱的时期。

54. granule/supergranule 米粒/超米粒

在日面速度场图和磁图中观测到的尺度为几万千米、寿命为几十小时的结构单元（多角形明亮斑点）。

55. gyro-synchrotron radiation 回旋同步加速辐射

围绕磁感线运动的带电粒子喷射的能量。

56. Hale's polarity law 海耳极性定律

揭示了大多数前导黑子在太阳赤道上下具有相反的极性。

57. helioseismology 日震学

观测和研究太阳震荡现象的学科。

58. heliopause 太阳风顶

太阳风圈的外边界。

59. heliosheath 日鞘

处在日球层顶和终端激波之间的区域。

60. heliosphere 日球层

太阳风扩散的区域，其外边界最远处与太阳的距离超过
100天文单位。

61. heliotail 日球层尾

拖在太阳后面的那一部分日球。

62. helium flash 氦闪

红巨星演化到核心氢耗尽，中心温度高达108开尔文温度
时，氦核突然燃烧的现象。这只能在氦核质量小于1.4倍太阳
质量时发生。

63. Hertzsprung-Russell diagram 赫罗图

一幅分别以恒星的颜色和光度为坐标画出的图，显示恒星

所处的不同生命阶段。

64. hoop force 环向力

一种作用于扭曲通量绳上的向上的力,因电子沿通量绳的弯曲路径运动而形成。

65. ion 离子

原子由于自身或外界的作用而失去或得到一个或几个电子,以至其最外层电子数为8个或2个的稳定结构的粒子。

66. ionization 电离

或称电离作用,是指在(物理性的)能量作用下,原子、分子形成离子的过程。

67. ionosphere 电离层

地球大气的一个电离区域,是受太阳高能辐射及宇宙线的影响而发生电离的大气高层。

68. isotope 同位素

同一元素的不同原子,其具有相同数目的质子,但中子数目却不同(如氕、氘和氚,它们互为同位素。它们的原子核中都有1个质子,但分别有0个中子、1个中子及2个中子)。

69. Joy's Law 乔伊定律

太阳黑子对的倾斜方式,它总是让前导黑子距离太阳赤道更近。

70. L1第一拉格朗日点

即在地球周围卫星和望远镜的位置上可以被引力锁定的特殊地点。

71. light year 光年

长度单位，一般被用于衡量天体间的时空距离。其指光在宇宙真空中沿直线传播了一年时间所经过的距离，约等于 10^{13}km，是利用时间和光速计算出来的单位。

72. magnetic reconnection 磁重联

方向相反的磁力线因互相靠近而发生的重新联结现象。在此过程中，磁能可转化为其他能量。

73. magnetogram 磁图

太阳上磁场的分布图。

74. magnetograph 磁像仪

利用塞曼效应确定日面上磁场矢量分布图的仪器。

75. magnetohydrodynamics（MHD）磁流力学

结合流体力学和电动力学的方法研究导电流体和电磁场相互作用的学科。

76. magnetopause 磁层顶

主要指地球磁场与太阳风作用形成的磁层的边界层，当然也可指一切磁化行星与恒星风作用形成的磁层的边界。

77. magnetotail 磁尾

受到太阳风影响,行星磁层拖在行星后面的·个拉长的区域。

78. main sequence 主序

赫罗图上从左上(高温、高光度)至右下(低温、低光度)大部分恒星集聚的序列。位于其上的恒星处于核心氢聚变阶段。

79. mantle(地)幔

行星核与行星壳之间的区域。

80. MAssive Compact Halo Objects(MACHOs)晕族大质量致密天体

一些体积很小的大质量重子物质,没有或只有很少的电磁辐射,在星际空间不与恒星系统发生反应。晕族大质量致密天体自身不发光,所以很难被探测到。

81. merged interaction regions(MIRs)合并交互区域

两个或更多的共转交互作用区(CIRs)相遇的区域。

82. meridional flow 经向气流

太阳物质传送带流向接近表面的两极,但在对流层深处朝着相反的方向流动。

83. microflare 微耀斑

太阳上微小的、存在时间很短的亮点,其能量一般小于

10^{20} 焦耳。

84. Milky Way 银河

一个由大约 20 万颗恒星组成的恒星集团,其在晴朗夜空中呈现为一条边界不规则的乳白色亮带。

85. nanoflare 纳耀斑

又称"纤耀斑"。指在日冕中频繁出现的极小爆发,每一次爆发的尺度估计为 500 千米,能量小于 10^{18} 焦耳。

86. nebula 星云

由气体和尘埃组成的云雾状天体。历史上最初使用本名称时曾把现已清楚是星系和星团的天体包括在内。

87. nebulium 星云素

为解释一条经常在行星状星云光谱中看到的异乎寻常的谱线而提出的假想元素,现不被认可。

88. neutrino 中微子

又译作微中子,是轻子的一种,是组成自然界的基本的粒子之一。

89. neutron 中子

一种不带电荷的粒子,组成原子核的粒子之一。

90. atomic nucleus 原子核

原子的核心部分,简称"核",由质子和中子两种微粒构成。

91. *p*-wave *p*-波

压力波———一种在太阳内部传播的声波。

92. Parker spiral 帕克螺旋

太阳风把一部分太阳磁场"拉"开,使其进入太阳系空间时形成的磁场形状。

93. penumbra 半影

(1)天体的光在传播过程中被另一个天体所遮挡,在其后方形成的只有部分光线可以照到的外围区域;(2)太阳黑子周围稍亮的部分。

94. photon 光子

亦称"光量子",是传递电磁相互作用的基本粒子,是一种规范玻色子。

95. photosphere 光球

太阳大气的最低层,温度由内向外降低。

96. plage 谱斑

太阳色球内持续明亮的区域,与活动区密切相关。

97. planetary nebula 行星状星云

由稀薄电离气体组成的有明晰边缘的小圆面状星云,其中心有一颗向白矮星过渡的热星。星云为该中心所抛出,正向外膨胀,并被中心星的紫外线辐射照射而发光。

98. planetesimal 星子

某些太阳系演化理论认为,在太阳系形成的初期,太阳赤道面附近的粒子团由于自吸引而收缩形成的天体。

99. plasma 等离子体

物质的一种状态,由能够传导电场和磁场的电离物质组成。

100. polar cusps 极尖区

行星磁层的漏斗状区域,在那里太阳风可以直接向下流入极地。

101. polarity inversion line(PIL)极性反转线

太阳上将相反的磁极性区域分开的线。

102. prominence 日珥

日珥是在太阳的色球层上产生的一种明亮突出物,是太阳活动的标志之一。

103. proton 质子

一种带 1.6×10^{-19} 库仑(C)正电荷的亚原子粒子。

104. proton-proton(p-p)chain 质子–质子链反应

恒星内部氢聚变成氦的几种核聚变反应中的一种。

105. protoplanetary disc(proplyd)原行星盘(原星盘)

在新形成的年轻恒星(如金牛座 T)外围绕的浓密气体。

106. quantum tunnelling 量子隧穿效应

使 2 个质子能够聚合的效应,尽管它们之间存在着看上去不同逾越的势垒。

107. radiation zone 辐射区

处在日核与对流层之间。在这个区域中，光子将核心产生的能量向外传送。

108. resolution 分辨率

在本书指能让望远镜看到的两个物体之间的最小夹角。分辨率越高，能看到的细节就越多。

109. Schwabe cycle 施瓦贝周期

太阳黑子数目增加与减少的周期，历时大约11年。

110. solar maximum 太阳极大期

常约11年的太阳周期中太阳活动最活跃的时期。在太阳极大期时，大量的太阳黑子会出现。

111. solar minimum 太阳极小期

太阳周期中太阳活动最弱的一段时期，在该期间内太阳黑子和闪焰的活动都很少。

112. Spectroscope 光谱仪

光谱仪又称"分光仪"，获得广泛的认知为直读光谱仪。它是以光电倍增管等光探测器测量谱线不同波长位置强度的装置。它由一个入射狭缝、一个色散系统、一个成像系统和一个或多个出射狭缝组成。

113. standard solar model 标准太阳模型

这一模型是将我们所有已知的有关太阳的知识都归纳为一个单一数学框架的尝试。

114. solar storm 太阳风暴

太阳上的剧烈爆发活动，以及在日地空间引起的一系列强烈扰动。

115. space weather 空间天气

太阳上出现的耀斑和日冕物质抛射等剧烈活动，会威胁我们的电子基础设施。

116. spicule 针状物

太阳色球表面上的针状活动体。

117. Spörer's law 斯波勒定律

在一个太阳活动周中黑子平均纬度随时间的变化规律，具体表现为"蝴蝶图"。

118. streamer belt 拖缆带

日冕中由头盔状结构组成的赤道带，形成的闭合磁环与开放的磁感线相邻。

119. sunspot 太阳黑子

简称"黑子"，太阳光球中的黑暗斑点。磁场比周围强，温度比周围低，是主要的太阳活动现象。

120. supernova 超新星

爆发规模最大的变星。爆发时释放的能量一般达 10^{41}~10^{44} 焦耳,并且全部或大部分物质被炸散。

121. tachocline 差旋层

太阳内的区域,辐射区与对流层在此相遇。许多人认为太阳磁场来源于这里。

122. termination shock 终端激波

太阳风由于接触到星际介质而开始减速的区域,是受太阳影响的空间中最外围的边界。在终端激波处,太阳风内的粒子与星际介质发生相互作用,速度迅速降低到亚声速以下。

123. Thomson scattering 汤姆孙散射

物理学中,汤姆孙散射是指电磁辐射和一个自由带电粒子产生的弹性散射。

124. torus instability 电流环不稳定性

通量绳变得不稳定并向上喷射的一种过程,有人认为是日冕物质抛射的驱动力。

125. turbulence 湍流

是流体的一种流动状态。

126. type Ia supernova　Ia 型超新星

Ia 型超新星的形成需要一个双星系统,其中一个是巨星,一个是白矮星。质量极大的白矮星吸取巨星的物质（主要是氢），当质量达到太阳质量的1.44倍时，它会发生碳爆轰，核爆炸后没有遗留产物。本书指在白矮星接近钱德拉塞卡极限时被激发的恒星爆炸。

127. umbra 本影

（1）天体的光在传播过程中被另一个天体所遮挡，在其后方形成的光线完全不能照到的圆锥形内区;（2）太阳黑子中央较暗的部分。

128. Van Allen belt 范艾仑辐射带

被地球磁场捕获的高能带电粒子区。1958年,美国科学家范艾仑在"探险者1号"科学卫星上首次测量到该区域有强辐射,故得此名。这种强辐射是由高能的质子和电子等带电粒子沿磁力线回旋而发生的。

129. Weakly Interacting Massive Particle（WIMP）弱相互作用大质量粒子

一种仍然停留在理论阶段的粒子,是暗物质最有希望的候选者。

130. white dwarf 白矮星

类太阳恒星死去时留下的地球大小的核。因早期发现的大多呈白色而得名。

131. Wolf number 沃尔夫数

又称"黑子相对数"，表征太阳黑子多寡的一个量，由瑞士天文学家沃尔夫首先提出。

132. Zeeman effect 塞曼效应

在磁场中的光源所发射的各谱线发生分裂且偏振的现象。

这是一颗恒星的故事，

在很大程度上也是一个关于我们人类的故事。